做一个幸福优雅的
理财女
财女变身记

何小兰 〰 著

中国铁道出版社
CHINA RAILWAY PUBLISHING HOUSE

图书在版编目（CIP）数据

做一个幸福优雅的理财女：财女变身记/何小兰著.—北京：
中国铁道出版社，2018.1
　　ISBN 978-7-113-22739-5

　　Ⅰ.①做… Ⅱ.①何… Ⅲ.①女性－财务管理－通俗读物
Ⅳ.①TS976.15-49

　　中国版本图书馆 CIP 数据核字（2017）第 003183 号

书　　名：做一个幸福优雅的理财女：财女变身记
作　　者：何小兰　著

责任编辑：吕　芰		读者热线电话：010-63560056	
责任印制：赵星辰		封面设计：**MXK** DESIGN STUDIO	

出版发行：中国铁道出版社（100054，北京市西城区右安门西街 8 号）
印　　刷：三河市兴达印务有限公司
版　　次：2018 年 1 月第 1 版　　　　2018 年 1 月第 1 次印刷
开　　本：700mm×1 000mm　1/16　印张：12　字数：218 千
书　　号：ISBN 978-7-113-22739-5
定　　价：42.00 元

前言 PREFACE

有一句话说得好"你不理财，财不理你"。本书的主人公名叫"何雅萱"，80后财女一名，与许多北漂一样，在北京某财经院校毕业后，随即在北京"安营扎寨"，经历了租房、买房、买车等奋斗的艰辛。从最初的理财"小白"到最后的"理财达人"，雅萱的理财之路并不顺利，在理财的路上，她也曾迷茫过、无奈过，好在周围有一帮好姐妹，好朋友，在与她们交往的过程中，她学会了如何去理财，最终获得了精彩的人生。

这个世界上就是有那么一群人，他们看上去并没有那么忙，但是生活却很滋润，是什么原因呢？答案是他们很会理财。他们坐在了理财的金字塔顶端，让手中的钱越滚越多，同时也享受到理财带来的快乐和丰厚的收益。朋友们，还在等什么，一起来和我理财吧！

本书通过财女何雅萱的日常生活的理财之路，道出了财女理财的真经，涵盖了财女理财的方方面面，包括买房理财、买车理财、如何选择理财产品、网络理财、理财风险规避及理财规划等方面的内容。

本书分十个章节讲述财女在当今快节奏的城市生活中应当如何理财。

第一章介绍买房如何理财。关于买房是否应该买涨不买跌，是否应该听信专家建议，开发商的承诺是否可靠，通货膨胀环境下是否应该买房，怎样理出房贷首付，怎样合理承受房贷及不同贷款方式下的理财差异等问题，都能从这章节中找到答案。

第二章主要介绍买车如何理财。在本章中，你将了解到财女买车前后的省钱之道，你的工资适合买多少钱的车，买车到底应不应该贷款，对于汽车金融公司和银行还款你该如何选择，如何选择汽车保险能省钱，汽车保险赔付有哪些省钱之道，如何让你的爱车既省钱又生钱。

第三章介绍应当如何选择理财产品，具体介绍了股市、基金、定投、国债、外汇、保险这些理财产品应当怎样选择及购买应当注意哪些问题。

第四章主要介绍了日常生活中的一些省钱妙招，具体包括了日常开支怎样省钱，旅游、团购、超市购物、买机票、买电影票怎样最省钱。

第五章讲述网络时代下的理财之路。对于网络出现的一些理财方式，具体包括余额宝、网络众筹、P2P理财、网上商城积分等的理财之道都会在本章逐一进行介绍。

第六章讲述三口之家的财女应当如何理财。对于财女关心的婚前理财、婚后理财、孩子成长理财、教育基金理财到再婚人士理财及养老理财知识都会在本章节中有所涉及。

第七章讲述在理财过程中不可不懂的理财数据对于理财的意义。对于存款准备金率、人民币汇率、GDP、CPI、PPI、PMI、M2这些经济指标和数据对于理财意味着什么，将会在本章中找到答案。

第八章主要讲述如何规避理财风险，具体从如何识别投资中的误区，如何防范债券、保险、股市、期货、黄金风险几个方面进行分析。

第九章介绍如何做一个幸福优雅的理财女。本章主要介绍理财女的日常生活感悟和理财意识的培养，以及如何更好地做一名生活、理财、事业丰收的人生赢家。

第十章主要介绍如何进行理财规划，具体包括不同年龄段的女性如何理财，怎样根据市场变化制订切实可行的投资计划，工资及古董字画的理财规划，女性可以选择哪些投资项目及在理财的同时如何避税。

贫困潦倒和富可敌国之间的最大差异是思维意识的差异，这其中最主要的是理财思维意识的差异。纵观当代社会中的"职场精英"、"美女高管"这些财女必定拥有着强大的理财意识与投资理念。正是她们拥有的理财知识与在生活中不断实践总结出的经验，使她们的人生格外精彩。本书正是借鉴了这些职场财女的理财经验，可以直接应用到日常生活的理财中，为广大女性的理财之路提供更多的指导，从而最终实现人生的自我价值。

在本书的书写过程中，感谢编辑们的辛勤付出，校稿纠正，调整版式，再次感谢！由于时间仓促和水平的限制，难免出现疏忽之处，欢迎广大读者批评指正！

何小兰

目录 CONTENTS

财女变身记之一
——买房理财

买房是否应该买涨不买跌

在北京工作已经快 10 年了，随着职位的晋升，我的工资也水涨船高，首付差不多凑齐了，眼下正准备买一套属于自己的房子，虽然目前还是单身，但是买一套自己的房子何尝不是一种保障呢？

早在 2004 年的时候，北京上地附近的房价才 4 000 多元一平方米，到了 2014 年的时候升至均价 40 000 元。2004 年周围好多同事都劝我赶紧下手，当时我还犹豫着房价会不会往下降，一直处于观望状态，心里还是盼望着房价快点降，等待出手的好时机。但是，事与愿违，北京的房价像是坐了飞机似地一路飙升，再也没有出现往下降的趋势。眼看着房价上涨的速度远远高于工资上涨的速度，手里那点微薄的存款已经不够付首付了。也只有无奈，继续攒下去。

直到 2014 年，各大新闻媒体都在有意无意地渲染"保定将会成为北京的副政治中心"的利好消息。对于家乡在保定的我，很想在保定买一套房子，等着房子涨上去的时候再卖掉，把北京的首付赚出来。"英雄所见略同"，在北京工作、生活的保定老乡们，听到这个利好消息后，像打了鸡血一样赶赴保定抢楼去了。保定的房地产开发商笑了，一夜之间，保定的房价每平方米涨了将近 3 倍。即使这样，在保定市各地售楼中心，每天仍然有数以千计的路虎宝马前来抢购，保定楼市"日光盘"屡见不鲜。我此刻的心情也像是在走钢丝，买房的意念左右摇摆不定，稍有闪失，有可能跌入万丈深渊。就在利好消息传出的第 3 天，有关部门出来辟谣，否定了"保定定为副政治中心"的传闻，称其为"房地产开发商的一场炒作"。保定楼市一夜之间暴跌，业主上午买的 100 万元的房子，下午爆降 50 万元急抛。专业投资房产人士损失惨重。庆幸自己没有趟上这一浑水，有惊无险。

楼市就像一个无底洞，永远让人看不清楚顶和底。楼市与股市有相似之处，涨跌的不确定性太大，没有人能够有十足的自信确定楼市将来将涨多少和跌多少。

当周围所有人都在疯狂进入楼市时，自己最好不要跟风，因为这些率先吃螃蟹的人有可能会付出惨重的代价的。此时，最好的办法是稳住自己的心态，结合自己的心态，如果不是专业投资人士，就要清楚当下自己是不是真的到了非买房不可的地步。比如，结婚、家庭添丁等情况。该出手时就出手，不要等太久。**无论怎样，尽量在跌的时候买，这样一方面，节约了自己的钱，另一方面，为日后换大户型提供有利的条件。**

买房的犹豫，是否要攒够钱再买

忙了一上午，工作有些累，到饮水间冲了杯咖啡，透过饮水间明亮高大的落地窗，望着远处错落有致的高矮建筑，心里想着如果哪天我在这个城市有一个这样的小窝就好了。

"雅萱，在想什么呢？"同事小刘凑到我面前，轻声地问我。

"也没什么，就是想买房。可是现在手头上又没钱，很烦恼。"我如实地对小刘说道。小刘是我在办公室里一个要好的同事。

"哦，原来是为了这个事情在犯难。雅萱，你非要攒够钱再出手吗？"小刘抿了一口黑咖啡问我。

"没钱，拿什么买啊？你这话问的。"还没等她咽下那口咖啡，我立马应答道。

"你这种观点已经过时了，没钱就不能买了吗。那眼下买房的人都是攒够了钱一次性付清买房的吗？"小刘对我说话这口气，诚恳中带着一些不屑。

"可是如果仅攒够了首付，我每个月还要支付租房费用，房租水电费、通信费、伙食费等开销一大堆。如果不攒够了钱再买，我的生活质量会严重下降的。"我顾不上手中的咖啡一直飘着袅袅的咖啡香，对小刘说道。

"那等你攒够了一套房子的钱，恐怕你也 60 岁了，到时候才能住上自己的房子。你不后悔吗？"小刘望着远处高耸入云的楼宇对我说道。

"小刘，那依你的意思是，只要我攒够了首付，就可以开始着手买房了？"我对小刘继续追问道。

"雅萱，我是过来人。我的建议对你应该有一定的参考价值。**你认为的攒够了全款再买房，绝对是首次买房者的一个误区。**你想想，现在房价涨得如此之快，你的工资涨幅永远也赶不上房价的涨幅。依你的经济实力，要想在短时间内攒够首付买房是不现实的。而要是攒够了全款再买，恐怕你也享受不到几年的光景了。**因此，我建议你攒够首付后，贷款买房。**虽然'房奴'不易，但对于你这种情况来说，绝对是一个买房的捷径。"小刘对着一脸疑惑而吃惊表情的我说道。

"小刘，之前我也想过贷款买房，但是一想到，要成为'房奴'一族，确实压力挺大的。现在很多影视作品也在宣传'房奴'不易之类的，让我更加慎重了。"我很严肃认真地对小刘说。

"雅萱，你不用担心，收入是不断上涨的，依你的能力，在贷款期及时还完是可能的。贷款买房关键是要掌握一定的技巧。比如，选择贷款方案的时候一定要选择那些首付较低的，相对于贷款期限越长的贷款方式。这样有助于减轻你的还款负担。并且，如果能用到手里的公积金进行贷款，是最合适不过的，公积金贷款，相对于商业贷款来说，还贷利息要低很多。除此之外，国家首套住房贷款的优惠政策，对于买房者来说也是有利的。"小刘对我说。

"那如果我攒的钱多于首付，剩下的钱放在我手里也没用，不会产生价值啊。"我对着小刘说。

"雅萱，你想想啊，现在什么不涨价啊，在通货膨胀的环境下，贷款买房是最好的选择。如果你手头有闲钱，不妨去做一些投资。比如，投到股市或者购买黄金等。这些给你带来的收益比单纯存入银行要高得多啊！所以，你一方面既享受到国家首套住房贷款的优惠政策，抵消了通货膨胀下的货币贬值压力。另一方面，手中的闲钱也转动起来。这不是一举两得的事情吗？"小刘说完舒了口气。

"小刘，你果然在这方面比我有经验多了。你分析得对，看来我要改变我的传统观念了。"我对小刘微笑地说。

"对，你要及早改变观点，或许你现在都已经住在自己买的房子里了呢。"小刘说到这里，看了看表。

"嗯。谢谢小刘。你快回去吧！领导可能还有事情要找你。"我对小刘说。

"好，关于买房的问题，以后我们可以再聊。"小刘说完转身走向办公室。

望着小刘的背影，我思绪万千，买房拼的不仅仅是首付，还要讲究方法、技巧。

置业，你准备好了吗

一个温馨的周末，我窝在沙发上，遥控器频道按钮从 1 到 50 按了一个遍。除了娱乐节目外，就是韩国欧巴偶遇灰姑娘的故事。我果断按下关闭按钮，随手拿出一份放在茶几下的报纸看了起来。

"温州一个大妈一个星期拿下北京兰迪项目整栋楼"这个吸引眼球的标题，让我饶有兴趣地往下读了起来。"温州大妈气势磅礴，大手笔进入北京楼市，一年净收益几十亿元。"读到这里，我拿起电话，立马给我的闺密小英打电话。

"小英，听说温州大妈一个月在北京投资房产就赚了十几亿元呢。"我电话拨过去，还没等小英开口，就直接说道。

"大小姐，这大早晨的，你发的哪门子神经啊，我这还没醒呢。周日，就不能让人家睡个懒觉吗？"小英在电话那头有几分责备我的意思。

"小姐，这都几点了，你还睡呢？都日上三竿了。"我直接吼过去。

"哎，说不过你。啥事啊？"小英那边开始跟我用正常口气说话了。

"就是有个专业问题，你看现在房价正涨得厉害，不如咱们一块投资房产吧！"我对小英说道。

"雅萱，我说你问我这个问题，算是问对人了。姐好歹也有几年房屋中介经历呢。今天姐要好好给你上一课。"小英说起来便来劲了。

"那就请大小姐说说吧，我洗耳恭听。"我在电话这头质疑这丫头真能有这本事，把我说服。

"雅萱啊，首先，你可千万别盲目相信报纸上报道的'上班十年辛苦，不如一年投资房产'，'十年修得键盘手，不如投资房产弹指一挥间'这些混淆视听的报道。其次，你要知道，投资房产，这绝对是个专业活。弄不好，会砸在自己手上。"小英说到这里打了个哈欠。

"恳求'仙人'指路，小的不胜感激。"我说道，小英也从床上爬起来了，正儿八经地开始给我分析投资房产的利弊。

"雅萱，现在买卖房子已经很复杂了，如果房子要变现的话，你要来回跑好几趟，填一系列表格，还要交契税、印花税等。暂且不说这手续有多繁杂，光是买入卖出这个周期就让你等得着急了。不是每一个投资房产的人都有独特的眼光保证买到的房子一定升值，很可能在市场中苦苦等上几年也无人问津，这些都再正常不过了。再者，你要是赶上国家出台个政策，直接掉坑里了。比如，限制购买第二套住房，提高二套住房首付比例，对购买二套住房加收高额的税收等，这些问题都有可能让你的房子'被套牢'，到时候你就会像热锅上的蚂蚁，干着急了。"小英换了口气。

"小英，那你有什么好的建议吗？"我对小英问道。

"雅萱，对于这个当下十分火的话题，我只想提醒你几点：第一，如果打算买房，那么就不要存在短期投机倒把的心理，要做好长期准备。楼市这几年受到调控政策的影响，投资房产的难度越来越大，想在短时间内通过投资赚到第一桶金不是一件容易的事情。第二，建议向专业的投资人咨询，一定要对感兴趣的楼盘摸透，包括周围将要建设的配套设施怎么样，特别是物业的口碑怎么样，还有周围是不是要修建地铁等，这些因素往往会成为投资房产置业的考量因素之一。专业的投资人会帮助你分析怎样将你手中的钱用最短的时间获得最大的收益，同时规避一定的风险。但是，前提是你必须保证你自己对资金在以后两年内有很好的投资规划，并且在这两年内，你不会因为还不上贷款而饿肚子。这些都是你必须考虑的问题。

其他的我也不想多说了。只是个小小的建议，听不听完全由你。"小英一口气将心里的想法都说了出来。

"小英，你说得好。**看来我还得慎重考虑买房这件事情，防止盲目投资而导致的资金套牢问题。**谢谢你。"我对电话那头的小英说道。

"不客气，那我准备做早餐了。回头咱们好好聚一聚。"小英那边回应道。

"好的。再见。"挂断电话后，我又瞻前顾后地想了想，决定不投资房产。**个人投资房产风险太大，楼市永远涨的神话不可能一直保持下去，不妨把手中的闲钱投在别的地方也不错。**

你所认定的：最后一次买房。

周末，秋高气爽，我约上闺密小英出来小聚。我们选择了在繁华地段的一家京城老字号餐馆。

"小英，我得努力挣钱，买一套自己的房子。现在房价奇高，还在不断地往上涨，我这辈子做牛做马，估计也就只能在北京买一套房子了。所以，我要一步到位，直接买个大的，省得以后换房子麻烦。小英，你说我说得对不对？"我说道。

"雅萱，你这话我不同意。"小英先喝了口西瓜汁，然后对我说道。

"为什么？"我问她。

"10 年前，我和你的想法是一样的。现在看来，这种想法至少对于我来说是错误的。10 年前，我在北京郊区买了一套 100 多平方米的房子。想着这辈子在京城有这么大的房子也够了，但是，10 年了，现在我想换房了。住在郊区很不方便，我每天上班来回往返在路上的时间将近 4 个小时，每天早上 5 点多就要起床。而如果居住在单位附近的话，这些时间成本就会节约很多。也是因为 10 年前，手头比较紧，只能在郊区买套便宜的房子。现在手头宽裕了，考虑在单位附近买一套小面积的。这样上班就方便多了。"小英说道。

"小英，你这样一说，我还真觉得我想得多了。房子会变，生活也会变。"我对小英说道。

"这就对了，我劝你，现在买房子就只做5～10年的打算。5～10年之后，你变成什么样，没法预测。现在房子也在不断地更新换代，10年前的房子和现在的房子在物业基础设施配套方面都是没法比的。即使你现在没有想换房子，10年后的变化也会让你考虑换房子的。**所以，买房子，做好5～10年的打算，其他的不要想太多。**并且记住要量力而行，不要打肿脸充胖子，死要面子活受罪，为了买一套有升值潜力的房子将生活水准严重拉低，这样饿着肚子买房子就不可取了。"小英说完举起西瓜汁的饮料玻璃杯，要和我碰杯。

"对，计划永远赶不上变化，多谢小英的指点！来，碰一杯！"两个玻璃杯清脆的碰杯声夹杂着笑声回荡在狭长的餐厅里。

便宜的房子应该买吗

最近周末，我辗转于各大楼盘之间，被售楼小姐的各种推销弄得晕头转向。我印象最深刻的是一位售楼小姐向我推销一套临河的房子。当时售楼小姐把这套房子夸得天花乱坠。她向我介绍那套房子时是这样说的：我们这套房子的性价比非常高，您看这均价比隔壁的小区要低1 000多元，这么好的房子，价格又不高，到哪儿去找呢？您看，这套房是临河的房子，打开窗户，举目眺望，美不胜收！您还犹豫什么呢？

听到售楼小姐极力推荐这套房子，我差点控制不住自己，恨不得当时就把钱掏出来，买定这套房子了。但是当张小姐去拿购房合同的时候，闺密小英拉住我的手，劝我还是再等等。此时我才冷静下来，把买临河这套房子的事情缓一缓。在回来的路上，小英劝我买房子这件事情一是不能太着急，二是切勿贪便宜。

到家之后，想着这房子到底应不应该买。我忽然想起前段时间一个同事小吴刚好也向我提过那里的房子。于是，我赶紧拨通了同事小吴的电话。

"小吴，你还记得你上次跟我说的那套临河的房子吗？今天我也去看了一下，不知道该不该买？"我有些迫不及待地问她。

"雅萱，你问我这个问题可算是问对人了。当时售楼小姐也极力向我推荐这套临河的房子，当时我跟你一样，差点儿就买了。后来我爱人及时制止了我，才免于损失。后来我像你一样，也到处打听这套房子到底值不值。结果怎么着，我才知道当时没买这套房子是对的。首先，这套临河的房子交通极其不便利。开发商承诺的年底开通三条公交线路，现在年底了，一条公交线路也没开通。除了没公交，离地铁站也非常远，如果一时冲动买了这套房，也不知道要等到什么时候才能交通便利。其次，这里的物业服务态度也不好。小区门口堆满了垃圾，一个星期也没见清洁人员来清理。我曾经就这件事情向他们领导反映，结果物业领导服务态度极差。最后，我从居住在此小区的小沈那里得知，这里的房子质量特别差，居然外墙还能渗水。"小吴向我诉说着对这套房子的不满。

"小吴，听你说了这些，我现在决定说什么也不能买这套房子了。"我叹了口气说道。

"雅萱，这就对了。**实话实说，一分价钱一分货，便宜的房子必有便宜的劣势，贵的房子必有贵的价值。**不要因为一时贪图便宜，以后吃了大亏。在房地产行业，只会出现贵的越来越贵，便宜的越来越便宜的现象。"小吴像老师一样开导我。

"小吴，你说得对，十分感谢你今天的提醒。回头一起出来喝咖啡。"我对小吴的分析表示答谢。

"好的。回头出来聊一聊。"说完她挂断了电话。

我拿着遥控器，心不在焉地想着，便宜的房子或许也有性价比比较高的。**衡量一套房子好不好的标准就是看房子的质量，还要坚持选择大开发商的品牌，比起其他小开发商来说，优势更大一些。**

开发商的承诺是否可信

在一个阳光明媚的周末，我和小英约好一起去看房子。开发商代言人小吴带着我们到小区左转右转，同时不停地指着周围的楼群向我们介绍这里的房子有多么好。

小吴面带有些僵硬的微笑对我们说："姐，你看到了吗？"

"看到什么？远处的烟囱还是满地的尘土？"对于售楼者惯用的伎俩，我和小英并不感冒，而是声东击西。

"姐，我是说远处那高耸入云的广告牌你看见了吗？"小吴对于我刚才的回答不屑一顾。

"哦，你说的是那个矗立的广告牌吗？怎么了？它和别的广告牌有什么不同吗？"

"您看，我们这个小区虽然位于郊区，进城现在不是很方便。但是，任何事情都要往长远看。我们老总在开会时十分肯定地对我们说，未来两年内会有两所名校的附属中学建在这里，5年后这里将会开通地铁，进城最快半个小时。你看见小区周围那片空地了吗？这里将来会建一座万达广场，集购物娱乐休闲为一体的生活服务配套设施。未来，这里的地价肯定会火得一塌糊涂。姐，您说您现在不下手，以后不就吃大亏了吗？"

"听你这样一说，这片小区升值潜力巨大，不仅规划得多好，未来前景应该蛮好的。"对于小吴刚才念叨的这些广告，我心动了一下。

小吴接过话茬："姐，要不我们去售楼中心看看购房合同怎么样？"小吴看出我有买房的意思，赶紧趁热打铁。

这时小英把我拉到一旁，窃窃私语道："雅萱，冲动是魔鬼，你要仔细思量一下。**所有的开发商在兜售自己的房屋时都会夸夸其谈，故意放大优点。**他们会为购房者描绘一幅可能永远也实现不了的蓝图。对于推销，夸得天花乱坠，但是就怕你买到手后，当初开发商的承诺一样没有兑现。那时的你也只有干瞪眼了。**所以，我奉劝你，还是多跑跑，实地调查走访，**

不要轻信开发商的宣传手段。 比如，晚上小区周围治安是不是好，手机信号是否满格。尽量要找实力雄厚的开发商，这样有保障一些。"

听小英这么一说，我也觉得着实有道理，我转过身去，对小吴说道："小吴，你介绍得也很好，但是我们今天看完还要回去商量一下，如果合适的话，改天再联系你。"

此时小吴的脸上微微地出现了一丝不悦，十分不情愿地回答："姐，不是我担心这楼卖不出去，而是担心你错过了最佳的买房时间，如果你现在不买，估计过几天，我们这房子就要涨价了，你自己看着办吧！"

对于小吴的回答，我也只能笑了一下，和小吴友好道别后，我和小英走上了回去的路。

通货膨胀下，是否适合买房

又是一个无聊的周末，窗外飘起了小雪，我窝在沙发里，拿着遥控器。无聊的翻看电视频道。

我拿起一把瓜子嗑了起来，物价不断上涨，'蒜你狠''姜你军'不断上演。话说回来，物价疯长，到底适不适合买房呢？这时手机响了。

"喂，是雅萱吗？我是房东叔叔，下个季度的房租该交了吧？"电话那头的房东叔叔的口气很客气。

"叔叔，这段时间手头有些紧，过几天我把房租打给你。"我在电话这头恳求房东叔叔晚些交房租，只因为这个月在外聚会太多，钱所剩无几。

"好吧，最多给你一个星期的时间，再长就说不过去了。"房东叔叔这时口气由委婉变为生硬，还没等我说完立马挂了电话。

刚刚电视里播报的物价上涨还没完，现在房东又来催房租。日子真不容易。我深深地叹了口气。起身走向卧室时手机响了，来电显示是小英。

"喂，你还没休息啊，都这个点了，你这阵子在忙什么吗，也不见你给我打电话。"我问道。

"最近在忙着考'注税'，这么多书要看，哪有时间闲聊啊？"电话那边传来了小英的一声哈欠说道。

"我说大小姐，你这复习也太拼命了吧，都这个点了还在看书。今天太阳从西边出来了，想起给我打个电话，说吧，啥事？"我问道。

"最近没怎么联系了，你最近怎么样，买房的事情考虑得怎么样了？"小英在电话那头用关切的语气问我。

"你这电话打得正好，我还想和你商量这件事情呢。你看，最近物价总是在上涨，100元在超市逛一圈没买几样东西就没了。你说这什么东西都涨，就是工资不涨，小日子过得紧巴巴的，还考不考虑买房了呢？"我说着顺手将床头柜上的一张超市购物单拿到了手里，上面赫然写着"商品3件，总计150元"。

"大小姐，现在物价确实涨得太快了。那你有没有感觉到有压力呢？"小英听到我抱怨的语气后问我。

"确实感到压力了。刚才房东还给我打电话催交房租了，一年租期已经到了，本来应该一下子再交一年的，但是这个月的工资还没发，跟房东求了一下情，毕竟是老租户了，房东答应我可以月付。这缓解了我一些租房压力。"我有些无奈地对小英说道。

"你的房租没涨就不错了，我的房租从这个月开始涨了200元呢，一年就多了2 400元。这也算是受到通货膨胀的影响了。不仅这样，你看见新闻里的报道吗？从这个月起银行房贷利率上调两个百分点。这就是现实的通货膨胀压力啊。"

"是啊，对于我们这种工薪阶层，物价上涨直接影响就是房租上涨，房贷上涨。对于我们这种阶层，靠理财产品买房也不现实。真是发愁啊。"

"所以，大小姐，我奉劝你，如果不是特别急，在通货膨胀很明显的当下，我奉劝你还是不要买房了吧！"小英语气很坚决地说。

"小英，你说得也对。眼下还是不出手为好。日子紧巴巴，或许过些日子就通货紧缩了呢。**买房不能急，关键是赶上好时机。**小英，这么晚了，还不早点儿睡，回头一起出来玩。"我抬手看了一下手表已经是深夜了。

"好啊，你也别这么纠结了，还是那句话，现在不适合买房。你也赶紧休息啊，明天还上班呢。"小英说完就挂了电话。

房贷首付怎样理出来

睡梦中迷迷糊糊地被窗外清脆的鸟叫声惊醒了。阳光从窗帘中的缝隙透过来，打在被子上，我伸了个懒腰，起床。

左手拿着一杯刚冲好的牛奶，那浓浓的奶香味让人沉醉。右手顺手将床头柜的抽屉拉出来，把那本绿色的存折打开看了一眼。这是一本很久没动过的存折了，现在存折里的钱足够一套房子的首付了。

美好的心情当然要和闺密分享，我拿起手机给小英打了一个电话。

电话响了三声以后，那边传来了小英的声音："大小姐，今天可是周末，您这么早给我打电话是成心不让我睡懒觉吗？"

"还睡呢，都日上三竿了，赶紧起床收拾一下，中午咱们约个地方，我请客。"

"恭敬不如从命，怎么，今儿个有什么喜事？"小英话语中带着一些似醒非醒的声音。

"你过来就知道了。赶紧起来，大小姐。"我催道。

"好吧!"小英那边干脆地挂断了电话。

已经是中午十二点了，我坐在一家意式餐厅里等着小英赴约。餐厅装修得很别致，墙壁上布满了精致的西方石雕，耳边传来了动听轻柔的钢琴曲。

"姐们，你这周日是中彩票了还是发奖金了，这么早就给我打电话来这么高级的餐厅吃饭。"小英刚到，还没坐下，就先询问我吃饭的缘由。

"赶紧坐下，好事，我房子的首付款凑齐了，今儿个特意请你吃饭，咱俩好好庆祝一下。"我边说边拿着笔在菜单上勾勾画画。

"原来是这么一回事儿。我当你中了 500 万呢。不过，这个消息确实比中 500 万更靠谱，恭喜！"小英边说，边把红酒杯举起，我们索性碰了个杯。

"谢谢！大家都不容易，终于等到了将首付款凑齐的一天。"说完这话我小抿了一口干红。

"雅萱，我得向你取取经，你这个首付是怎么理出来的？我也工作这么长时间了，一直都是月光族，除去房租、伙食费、交通费、通信费、应酬和各种开销，基本没钱了。"小英对我凑齐首付款的理财方式很好奇地问道。

"说来话长了，听我细细给你道来。"说完，我故意清了清嗓子。

"小英，你也别着急，面包会有的，牛奶也会有的。我也只能给你一些我个人的建议，你有什么意见，先保留，等我讲完了，再一起讨论也不迟。

第一，原先我每天下班，觉得挺累的了，通常都是从网上点一份外卖作为晚餐。外卖并不是十分可口，不是太咸，就是太辣，并且每顿外卖的花销还不少，少则十几元，多则二十几元。有一天，我实在吃不下去外卖了，便买了一个小电锅，去超市狂购了许多蔬菜，吃了回涮锅，伙食标准不降反升，而且还省下不少钱。这真是一举两得的事情。

第二，以前我每周都有各种朋友聚会，同学聚会、同事聚会、社交圈聚会，应接不暇。每个月这几大聚会，花销不少，但是作用并不大。同学聚会有时候会攀比，真正能在困难的时候帮助你的还是身边的那几个人。因此，我每个月减少了很多这种无效的社交，只与几个深交的好友单独聚会，这样大大节省了开支。

第三，每个月我都会定期往银行账户上存入一笔钱，不管是多是少，都会存，哪怕是 500 元呢，关键是养成定期存款的好习惯。这样在不知不觉中就攒下钱了。

这就是我理财的一些小方法。你如果觉得合适，就拿去用吧！最后我提到定期往银行存入一笔钱，也就是每个月少买一件衣服的事情，很容易的事情，也非常容易操作，你可以试试。"

"雅萱，你这一条一条理得还挺顺，我这也算向你取经。来，为你科学地理出第一笔首付干杯！"小英说完话，右手举着杯子示意碰杯。

"谢谢！"我对小英的祝贺表示感谢。清脆的碰杯声像是一曲悠扬的赞歌回响在耳际。

合理承受房贷

"丁零零"，在上班的公交车上，我的手机响起来了。

"喂，是何女士吗？"电话那头传出一个陌生的声音。

"是我，您是？"早高峰的公交车上人挤人，在这样的公交车上打电话是一件奢侈的事情。

"我是宏伟售楼处的张女士。之前您在我们这定的一套房，首付已经付了，过几天，您过来办理一下贷款手续吧！"张女士很客气地对我说。

"好。"说完我赶紧挂断了电话，在拥挤的空间中想着定在什么时间把银行贷款办妥。

在这样一个偌大的城市，我的好闺密就一个——小英，但凡有重要的事情我都会叫上小英一起。当然，这次办房贷也不例外。

由于售楼处和银行的房贷业务绑定，所以，我和小英直接去售楼处就可以。通向售楼处的是一条蜿蜒小路，路两旁的大树郁郁葱葱，很是凉爽。

"雅萱，你说你这就要成'房奴'了，都说做'房奴'之后生活质量会严重下降。你觉得呢？"小英和我并肩边走边说。

"我觉得房贷在一定的可承受范围内基本对生活影响不大。"我对着小英说道。

"你说的这个度怎么衡量？"小英问道。

"以我的理解是这样的，**如果房贷比例占工资总数的 10%～20%，那么生活质量受到的影响较小；如果房贷比例超过工资总额的 30%，那么生**

活不会轻松。"我对小英说道。

"雅萱，你给我讲讲怎样才能合理地承受房贷。"小英从包里拿出一瓶矿泉水递给我。

"小英，你这问题问得好。听我慢慢跟你道来。第一，房贷压力主要来自于 4 个方面：第一，房贷额度贷款期限利率水平和还贷计划。一般来讲，房贷额度和贷款期限都是相对不变且具有刚性的，可选择的只有利率水平和还贷计划。利率水平和还贷计划可以通过不同的房贷产品实现。如果觉得目前的房贷产品不合适，还可以选择其他的房贷产品，这个称为房贷跳槽；第二，关于是否应当提前还贷的问题。如果你还贷还没超过一半，我建议最好提前还贷。因为，缩短了还款期限就等于缩短了利息支出水平，如果可以被归入第一档的还款计划里，可以节省更多的还款利息。但是，如果还款期限已经超过大半，那么就没有必要考虑提前还贷了，因此这个时候你还款的基本是本金，利息已经还得差不多了；第三，谈谈公积金贷款。公积金贷款比商业贷款还款利率要低很多，因此，如果你之前缴纳足够多的公积金，买房的时候就能派上用场了。在选择公积金贷款的时候尽量延长公积金贷款的期限，这样可以减少每月公积金的还款额。如果没有缴纳公积金，即使是商业贷款，也要尽量缩短贷款年限。"

"雅萱，没想到房贷还有这么多学问。像我这种新人，还真得多学学。"说完我们一起走向了售楼处。

不同贷款方式下的理财差异

周末，我和闺密小英在售楼处引导员的协助下，终于把房贷办好了。我在办理房贷手续时，小英仔细看了看购房贷款种类，感叹不同房贷方式下的利息相差还真不少。我买房主要用的是公积金贷款。除了公积金贷款外，还有商业贷款和组合贷款两种方式。不同贷款方式下的还贷差异很大。

对于不同贷款方式下的理财差异，我专门咨询了售楼理财部的王经理。

王经理是资深的房地产理财经理人,从事房地产理财经理的工作长达10年。

他首先问我:"雅萱,您单位为您缴纳了住房公积金了吗?"我点了点头,回答:"缴纳了。我只知道住房公积金能够在贷款买房时用到,至于用住房公积金贷款与其他贷款方式的利弊我并不是很清楚。"

王经理为我娓娓道来:"首先,如果您单位为您缴纳了住房公积金,那么公积金贷款就是首选的贷款方式。**公积金和商业贷款之间的利率相差通常在一个百分点以上**。例如,5年以上的公积金贷款利率是3.25%,5年以下是2.7%,而商业贷款的还款利率是4.9%。公积金贷款的另一个好处是如果办理抵押或者保险之类,手续费会减半。"

"王经理,听说现在租房和装修也可以使用住房公积金了。"我推了推眼镜问道。

"对,雅萱,现在国家对于公积金提取规定得较为自由,可以凭借住(租)房手续办贷款。但是,如果你想用公积金贷款买房,最好不要提前支取公积金账户里的钱。如果你将公积金账户里的钱取空了,那么你的公积金贷款额度将会受到影响,零元公积金账户对应的是零授权的贷款额度。除此之外,公积金贷款一般不允许一年内提前还贷,并且使用公积金贷款的前提是公积金已缴满一年。"

"王经理,要是像一些自由职业者,没有单位给他们缴纳住房公积金,那么他们可以申请贷款吗?"我继续问道。

"你说的这种情况确实存在,如果没有缴纳住房公积金,那么选择商业贷款就是唯一的选择了。**银行商业贷款的条件是银行存款的余额不得低于房款的30%**。除此之外,商业银行一般也接受抵押或者质押贷款,但前提条件是需要你找到'财大气粗'的保证人,保证如果你还不上贷款了由他们承担一定的还贷责任。"

"还有其他的贷款方式吗?"我接着向王经理问道。

"除了用住房公积金和商业贷款外,另一个选择就是个人组合贷款。组合贷款即公积金和商业贷款混合的贷款方式。一般情况下,住房公积金贷款的额度有限，为 10 万～20 万元，一旦公积金贷款不能满足购房需求时，就需要申请商业贷款。同时，你还可以有针对性地选择房贷金融产品，合理地承受房贷压力。"

"所有这些手续都办理完了，购房者下一步该怎么做呢？"看着王经理一个劲儿地用手扇风，我也忍不住拿起手中的杂志扇起来，天气像是要下雨，很闷。

王经理听到我又问了一个问题，扇动的右手停止了摆动，对我说道："雅萱，一旦你确定了选择哪种贷款方式，就要走下面的流程了：

1. 与开发商签订《房屋预售契约》；

2. 支付首付款，一般为全款的 30%；

3. 去房地产行政管理部门办理不动产预售登记；

4. 房地产管理行政部门交付契约正本。

"如果在贷款中出现入不敷出，无法按时还贷的情况一定要打电话告知贷款银行，可以向银行提出延长贷款期限的申请。房贷还完，一定不要忘记去银行撤销抵押，并且要到房地产交易中心注销抵押。"

听了王经理的这番话，对于买房贷款一窍不通的我也了解到了一些买房贷款的理财知识，没想到贷款理财还有这么多应该注意的地方，如果贷款之前就注意到了，肯定能够避免一些盲目投资，节省一笔不小的开支。

小结

1. 尽量在房价跌时买房，一方面省钱，另一方面，为房价涨的时候卖房赚取差价创造条件。

2. 对于财女，不宜攒够全款再去买房，建议选择攒够首付，贷款买房。

3. 买房子，做好 5～10 年的打算。你现在买的这套房，永远也不会成为你的最后一套房子。

4. 要弄清楚专家发表买房意见所持的立场，避免偏听偏信。建议去第三方房价网找专业的房价分析师。

5. 便宜的房子必有便宜的劣势，贵的房子必有贵的价值，要坚持选择大开发商的品牌。

6. 所有的开发商在兜售自己的房屋时都会夸夸其谈，故意放大优点，因此要多实地调查走访，不要轻易相信开发商的宣传手段。

7. 在通货膨胀明显时，不要买房。买房不能着急，关键是赶上好时机。

8. 定期往银行存入一笔钱，房贷首付就这样理出来。

9. 房贷比例不要超过工资总额的 30%。

10. 优先选择公积金贷款，公积金比商业贷款之间的利率通常低一个百分点以上。

财女变身记之二
——买车理财

买车前后的省钱之道

上下班在拥挤的地铁里让人喘不过气。上班已经将近 10 年了，周围的小姐妹逐渐买了车。我决定省一省钱，买一辆真正属于自己的座驾。

买车不像买白菜，说买就买，买车前我还是很节省的。有几招省钱之道。

周末在家里睡了一个懒觉，很满足地起床，拉开窗帘，窗外的小鸟在叽叽喳喳地叫个不停，好像催我去超市买菜。在床上伸了伸懒腰，拿起电话，直接给闺密小英打过去。

电话那边响了好几声都没人接，我猜想这个懒家伙肯定还没起床。等我快耐不住性子想挂时，小英接了电话。

"喂，大姐，今天太阳从西边出来了，大周六的怎么起这么早想起给我打电话，啥事？"小英那边的声音不像是没睡醒的说道。

"那还用说吗，难得今天天气好，咱俩一起去超市买菜去。你不会是还没起吧？"我一边把电话夹在右肩膀和右耳朵之间，一边揉着眼睛问道。

"错，你这回完全猜错了。我已经沿着东湖公园跑了两圈回来了。怎么样，你是不是很佩服我？"小英回答得很干脆，好像跑完步全身有使不完的劲儿似的。

"呦，今天你是太阳从西边出来了，什么也别说了，拿上布袋子，半个小时后，在小区门口集合。"电话那头回复了一个"好"字，我便挂断了，直接奔向卫生间用最快的速度洗脸刷牙，准备出发去买菜。

半个小时后，两个穿着休闲服的女士出现在小区门口，一人拿着一个布袋子。我和小英边走边聊，不一会儿就到了超市。在超市逛了一圈，最近南方天气阴雨连绵，正好赶上北方春夏交替，蔬菜未上市，菜价一路飙升。

我右手拎个买菜的布包，左手挑拣想要买的绿叶菜，对小英说道："你知道吗？之前对于我这种懒人来讲，从来不知道菜价多少钱，因为我从来不做饭。"

"跟我一样，一天工作都累死了，哪还有心情去做饭，随便叫份外卖对付对付得了。"小英看到我在挑选菜叶，她也用手在认真挑拣。

我顺手把一把蒜薹放进布兜里，对小英说道："直到有一天，我在公司休息间看到同事小雨带着自己做好的饭在那里吃得很满足，与她交谈后，才发现原来自己做饭能够省下不少钱。对于咱们这样的上班族来说，为了多睡一会儿懒觉，早餐要么忽略不计，要么随便在路边摊凑合一顿。虽然不吃早餐能多睡一会儿，但是时间长了恐怕身体吃不消，买早餐虽然方便，但是毕竟担心卫生问题。不如自己做早餐，既卫生又省钱。"

"你疯了，自己做早餐，你每天得起多早啊，况且你住的地方离上班的地方又不近。"小英很惊讶地问我。

"你说错了。自从打算做早餐起，我每天早晨仅比之前早起 15 分钟，煎鸡蛋牛奶和三明治只需 5 分钟就能搞定，既美味又省钱。之前一顿早餐差不多要七八元，自己做最多 5 元，省了 2 元左右。**自己做早餐绝对是个省钱之道。**"我对小英说道。

小英很诧异地望着我，眼神里充满了惊讶。

"这没什么，凡事都有个过程，刚开始或许不习惯，时间长了，哪一顿不吃自己做的反而不习惯了。我现在不仅早晨自己做饭，如果心情好的时候，我还提前将第二天的午餐做好带到公司吃。"说到这儿的时候，我的肚子咕噜咕噜叫了起来，看来是饿了。

"冬天带饭去公司还可以，但是夏天饭菜容易坏，怎么带到公司啊？"小英顺手拿了一把粉丝，对我说道。

"这个很简单，可以买个保温的饭盒，这样冬天夏天都可以搞定了。有的饭盒还自带插电热饭功能。公司也有微波炉，微波炉热饭很方便，并且还省去了出去吃午餐的时间。即使有的时候不能带午餐，也可以和同事一起去公司周围比较划算的小餐馆共进午餐，并且是'AA 制'。这种'AA'制，经过我的长期实践，居然比吃公司食堂还便宜，因为均摊，单价就降下来了，并且伙食比公司食堂好。"我又顺手拿了一包紫菜，准备平时在家里做面条的时候当辅料。

"这些都是你买车之前的省钱之道，买车之后呢？"小英追着我问道。

"这个还真有几招，首先，作为女孩，购物买衣服最平常不过了，有句话说得好'女人衣柜里总是缺件衣服'，我自然也不例外。之前，我买衣服一般都是去专卖店，买衣服看心情和钱包，每个月工资一发下来，周末必去逛商场。穿在身上的价格不菲的名牌衣服都是自己的血汗钱，还是有些心疼的。"说到这儿，我透过超市的透明玻璃向对面的百货公司大楼看了一眼，那些让人眼花缭乱的衣服再也不是我的心头病了。

"在一次逛商场的时候，我又看见了同事小雨，却发现她逛了半天，看中了几件合适的衣服，但最终却一件都没有买。后来才知道，原来她到商场只是为了看款式和大小，回去自己在网上买同款同号的衣服，价钱比实体店要低不少。小雨这种做法值得借鉴。小雨还告诉我，如果确实要在商场买衣服，在商场搞打折促销活动的时候再下手也不迟，这时候能省不少钱。"我把如何买衣服的"真经"传给了小英。

"除了这些，你每周和我的聚会也改成一月一次了。"小英对我说着，仿佛有一些不满的情绪。

"买了车，开销就大了，自然不能像之前那样大手大脚花钱了。每周咱俩聚会，大餐加看电影，吃喝玩乐的花销一个月算下来也不少。自从厉行节俭之风后，我们一个月一次大餐，每周改为小餐，大餐可以选择'意式餐厅'，小餐可以选择'味千拉面'等。这样又能够节省一些钱。"我对小英解释道，虽然聚餐少了，但这并没有影响我们之间的友谊。

"雅萱，你说得这些都在理，可能说起来容易，做起来太难了。"小英对我说道。

"嗯。为了省钱把日子过这样到底值不值得呢？**我认为只要省钱不影响你正常的交往或生活，我认为应该是值得赞成的。**不积跬步，无以至千里；不积小流，无以成江海，大海不也是由一滴一滴的水组成的吗？聚沙成塔，购车款是能够凑齐的。你说对不对呢？"我拉着小英的手走向超市的收银台，两个人咯吱咯吱地笑着。

你的工资决定买多少钱的车

又到了每个月最开心的一天，当然就是发工资的日子到了。可每个月都是好景不长，掰着手指数着手中的工资，每到月底都度日如年。每个月除去伙食费、交通费、电话费、聚餐费，发的工资就没了。虽然买车给生活增加了便利，但是俗话说得好——没有金刚钻，别揽瓷器活，买什么样的车不仅是由你的眼光决定的，更多的是由你的工资决定的。

我坐在沙发上，顺手把电话抄了起来，给闺密小英打了个电话。

"喂，亲，你在干吗呢？"我对电话那头的小英说道。

"还能干吗啊，对着墙发呆。"小英无趣地说道。

"别闹了，我跟你说点儿正经的，你不是有车吗，我就向你咨询咨询买车的事情。你看我的工资适合买多少钱的车呢？"

"这个问题，我只能从我个人理解的角度跟你讲了。首先，买车之前，你必须知道除去纯粹的购车款之外，你还需要花哪些钱才能真正开上这辆车。"

"都需要什么额外的费用？你快点跟我说吧！"我迫不及待地问小英。

"第一，油费。买车的最大消耗当属油费，如果对于经常开车上班出游应酬的司机来说，一年跑 15 000 公里比较正常。以一般的车百公里耗油 7 升为例，93#（北京 92#）每升 6 元，那么一年跑下来，油费为 6 300 元。"

"第二，保养费。汽车每跑 5 000 公里需要保养一次，那么 15 000 公里的车一年要保养三次，一次大保，两次小保，大保每次 500 元，小保每次 200 元。一年的保养费为 900 元。"

"第三，停车费。如果单位提供免费车位，这项花销则大大减少，如果不提供，以每个月停车费 300 元为底线，一年停车费为 3 600 元。这里，平时出游应酬的大小停车费忽略不计。"

"第四，保险费。特别是新车，保险费会高一些。虽然之后的每一年保险费都会有 10% 左右的优惠，但是一年最少保险费也要 1 000 多元，以 1 000 元为例计算。这前前后后的养车费，保守算起来，一年总计 11 800 元。"小英说道。

"买车时听说还要交税啊。"我对小英补充道。

"对，差点把这个给忘了。购车时，你还要交一些税。以一辆售价 10 万元的车为例，购置税 8 700 元，上牌费 400 元，车船税 370 元，交强险 1 000 元，全险 4 000 元，新车落地总计 114 470 元。怎么样，越是好车，交得税越多，买个车交个上万元的税已经不足为奇了。"小英在电话那头声音有些大，看来是睡醒了，有精神了。

"姐们儿，别怪我说得狠，在北京，掂量一下每个月的工资，看到路上跑的那些车，大部分与工资水平是相匹配的。如果月薪收入在 3 000 元以下，在北京这种一线城市，除去房租和交通、伙食费等花销，所剩无几，建议暂时不用考虑买车，坐公交地铁出行低碳环保还省钱。"

"那月薪多少钱适合买车呢？"我对小英的说法有些追根问底。

"姐们儿，这么跟你说吧。月薪 4 000～5 000 元，也不建议买车，如果要买，可以选择国产的奇瑞、夏利等，而且一定要小排量，省油。**月薪 5 000～7 000 元，可以选择 10 万元左右的代步车**。例如，海马福美来、上海大众新 Polo、一汽大众高尔夫等，这些类型的车一方面配件修理较为方便，并且每年的保养费对于月收入 5 000～7 000 元的大众可以接受。等一下，我手机响了，先接个电话。"小英和我的通话没断，又接了个电话，听着很像是广告营销之类的电话，才一分钟的时间，那边就把手机挂了，开始接着对我说。

"**月收入 7 000～15 000 元，可以考虑购买 20 万元左右的车**，例如别克君威、锐志等，这种类型的车空间性较大，舒适性较好，更能让驾驶员驾驶舒适感上升。月收入 15 000～30 000 元，可以考虑购买既有商务谈判性质又有代步性质，并且不掉身价的 30 万元左右的，例如奥迪 A4。月收入 30 000～50 000 元，可以考虑购买宝马 5 系列。月收入 50 000 元以上可以考虑购买路虎、兰博基尼等高端车。因此，你钱包鼓的程度决定了你买车的档次程度，明白了吗？"小英说完喘了口气。

"最后，以我的购车经验来看，无论开什么车，都离不开它的核心代步功能，只要在不影响自己生活质量的前提下，根据自身情况购买适合自己的车才算是好车。"小英最后补充道。

买车贷款做不做

作为北漂的年轻一族，买房压力巨大，对于白领来说，靠工资买房变得越来越不现实，在这种情况下，北漂的年轻人更倾心于买车。关于是否需要贷款买车这件事，仁者见仁，智者见智，因此需要根据自身的情况做出合理的选择。

最近正在纠结买车需不需要贷款，因为如果想买一辆好一点儿的车，手头的钱确实不够，只能再攒个一年半载了。于是，我拨通了身边的一个汽车达人——同事小刘的电话。小刘在 3 年前就买了一辆中档车，对于购车他应该能够给出很好的建议。

"小刘，我最近想买辆车，不知道是贷款买好还是全款买好，想咨询一下你。"我对着电话那头的同事小刘说道。

"雅萱，在北京买车大致可以分为以下几类人。第一类是北漂一族。北漂一族在北京奋斗了数年，买一辆较为便宜的车，建议不要贷款买车。因为作为打工一族，每个月的薪水可以说是杯水车薪，如果每月还贷加上支付的停车费、维修费、燃油费、保险费、保养费，无疑这笔花销将对你会构成不小的压力。如果选择全款买车，可以省下一笔费用。"小刘在电话那头很认真地说。

"为什么全款买车就便宜呢？"我对电话那头的小刘问道。

"作为一名老司机，在这方面我比你了解得多。全款买车可以不买抢盗险，但是贷款买车抢盗险是强制上的，以贷款抢盗险 1 000 元，贷款担保金手续费大约 3 000 元，加上其他零星的支出，差不多要 5 000 元。如果你还有房贷，恐怕每个月还房贷都压得你喘不过气来。如果买辆十多万元的车，家里积蓄全部投到了车上，没有周转资金，日子也不好过。"小刘对我讲道。

"现在贷款买车的人多吗？"

"如果你一次性拿不出汽车的全款，并且没有房贷压力，那么贷款购车不失为一种缓解资金压力的好办法。现在很多刚参加工作不久的年轻人选择贷款买车。"小刘那边不紧不慢地对我说道。

"那些贷款买车的一般都是什么人呢？"我又好奇地问小刘。

"贷款买车的人很多，像刚参加工作不久的小青年，还有一些个体老板。**一些个体老板自己的公司周转需要更多的流动资金，因此贷款买车是必需的。**通常老板们考虑的是如果将贷款的这笔钱腾出来做投资，那么将获得高于贷款利率的收益。资金是有时间成本的，况且现在有部分车型是免息贷款的，稳赚不赔。"小刘对我说道。

"我不大明白这个收益差是怎么回事儿？"我疑惑地问电话那头的小刘。

"我这样跟你说吧，目前，一般投资收益在 8%～10% 之间，而车贷利息在 5%，那么资金差额就可以获得更高的收益。除此之外，人民币一直在贬值，谁也不能保证将来的 15 万元比现在的 15 万元能够买到更多的东西，而向银行借款，这部分损失就由银行承担了，你可以用这部分钱去做投资，赚取差额收益。"小刘说道。

"关于是否应该贷款买车你有什么好的建议吗？"我追问道。

"最好根据自己的经济实力，在自身可以承受的范围内理性购车。10 万元之内的车足以满足城市人们出行的需求。如果一味追求奢华，可能会出现因无法按时还贷，让担保公司强行将车扣留或者开走的情况，并且你还必须承担由此带来的违约金和全部的费用，得不偿失。**贷款买车有风险，贷款买车需谨慎。**"

该选择汽车金融公司还是银行还贷

这周末与闺密小英一起去市内各大 4S 店，选购一款爱车。在汽车销售商的介绍下，我第一次了解到购买汽车可以通过汽车金融公司和银行贷款两个途径。

对于很多与我一样的购车新手来说，如果手头不宽裕，就会纠结到底是选择汽车金融公司贷款还是银行贷款。

经过四处打听，多少了解到了一些关于汽车金融公司和银行贷款的各自利弊。以下这些仅供参考。

首先，讲一讲汽车金融公司贷款的利和弊。汽车金融公司贷款的优点，主要有以下 3 点：

第一，贷款门槛相对于银行贷款来说较低。汽车金融公司放款的主要依据是购车人的个人信用，具体考评标准包括学历、收入、工作等指标，对于外地户籍没有设置门槛。

第二，放款速度快，无手续费。汽车金融公司放款期限一般在 3 天以内，没有手续费、抵押费、律师费等。汽车金融公司贷款方便快捷，只需在 4S 店填写好《贷款申请表》和《委托授权书》即可，其他的事情 4S 店会帮你搞定。

第三，贷款首付低。汽车金融公司的贷款首付一般为 20%。贷款期限可以选择 3 年或者 5 年。对于汽车金融公司指定的车型，贷款期限限定在两年的有"零利率"的可能。

汽车金融公司贷款的弊端：

第一，利率比银行贷款稍高。汽车金融公司贷款利率通常比银行贷款利率高出 3 个百分点。以 3 年期汽车金融公司和银行贷款对比，分别为 15% 和 10.45%，相差 4.55 个百分点。

第二，通常只能选择特定车型的特定汽车金融公司进行贷款。很多品牌汽车公司旗下都有自己的汽车金融公司。例如，奔驰金融、宝马金融、凯迪拉克金融等。在选择这些金融公司的同时，也绑定了相应的汽车商业保险和名目繁多的收费项目。

银行贷款购车也有自己的利和弊。先从银行贷款购车的利讲起。

第一，贷款利率低。银行贷款利率相对于汽车金融公司的贷款利率要低一些。

第二，适用车型范围更广。银行贷款购车对于绝大多数车型都适用，对于很多自由购车者来说是一个很好的选择。而汽车金融公司通常只对自己旗下特定车型提供贷款金融服务，选择范围相对小。

第三，购车时限制条件。相对于汽车金融公司而言，银行贷款购车不会被绑定诸多的费用项目。

银行贷款购车的弊端：

第一，对于购车贷款人的资格审查较为严格。银行贷款购车，需要贷款人提供收入证明、户口抵押、本地市民担保、房产证明，除此之外，还要办理繁多的贷款手续和缴纳一定的费用。一般期限较长，至少需要花费一个星期以上的时间。贷款人一旦少了哪项证明都很难办下来贷款。一般而言，外地户口购车，银行贷款难度相对于汽车金融公司稍大。

第二，首付相对较高。银行按揭汽车贷款，首付 30%，更多的是 40%。首付 30% 的按揭最长不得超过 3 年，一般对于十几万元的车型较为合适。首付 40% 的银行贷款期限一般为 3 年或 5 年，最长一般不超过 5 年。

无论是汽车金融公司贷款还是银行贷款，都要付利息，特别是银行手续比较复杂，目前银行对于车贷控制较紧，对于中低档汽车一般不放贷，并且对于个别车型有时需要抵押，甚至有些银行已经暂停了购车贷款业务，购买经济车型的普通用户申请到银行车贷的难度很大。如果有一定的经济实力，最好全款买车。但是，**如果手头确实有些困难，尽管现在选择汽车金融公司贷款购车的较多，但到底选择汽车金融还是银行贷款购车一定要结合自身情况确定。**

买车还贷金融产品的选择

最近买车的打算日渐强烈，但是无奈手中没钱，只能选择贷款买车。时下的汽车金融产品五花八门，如何选择成为贷款买车的一大难题。

在 4S 店与销售顾问小刘交谈了几次后，对各种汽车金融产品有了大致了解。汽车金融的发展远远超出了我的想象。

"小刘，汽车主要的金融产品，你向我介绍一下吧！"我对小刘说道。

"好，你们先坐，我给你们俩倒两杯咖啡。再给你们仔细讲讲。"小刘说完转身向茶桌那边走去，准备给我和小英沏两杯咖啡。

"雅萱，目前汽车金融产品主要有以下几种：第一种是商业银行信用卡分期还款贷款。**毕竟羊毛出在羊身上，商业银行信用卡车贷会收手续费。**手续费通常会一次性支付，分期手续费一般会在 5%～18%之间。招商银行12 期、24 期、36 期的手续费率分别为 5.5%、10.5%和 14.5%。商业银行信用卡还贷一般仅限于合作车型，除了身份证和收入证明之外的材料，当属贷款者的信用最为重要。给你们倒的咖啡，你们赶紧喝吧，要不就凉了。"小刘很客气地对我和小英说道。

我和小英听完小刘这句话后，拿起咖啡喝了起来。

"这咖啡味道很正。"我边喝咖啡边对小刘说道。

"你真会喝，这咖啡是买的进口咖啡豆现磨的。这儿的同事都喜欢喝这个味道。"小刘听到我们夸他的咖啡好喝，对我说道。

"小刘，这第二种金融产品是什么呢？"我边喝着咖啡边问小刘。

"第二种汽车金融产品是指汽车金融公司，汽车金融公司审批流程效率高，可选金融产品类型较多，但是也有弊端，那就是贷款利率相对较高，并且通常被绑定其他消费。比如，购买合作车险，缴纳车辆保押金等。"小刘看我们喝的咖啡这么香，自己转身也倒上一杯。

"小刘，你这杯咖啡喝下去晚上都不会困。那第三种汽车金融产品是什么？"我看着端着咖啡的小刘问道。

"第三种汽车金融产品就是 P2P 车贷产品。与高门槛的银行贷款不同，P2P 贷款以其灵活性、便捷性、快速性在车贷领域赢得了客户的青睐。如果不想经历烦琐的贷款手续的煎熬，选择 P2P 贷款也可以。"小刘对我和小英说道。

"小刘，你给我们介绍一下车贷 P2P 产品吧！"我对小刘说道。

"目前，P2P 车贷产品众多，一定要选择口碑好，有信誉担保的平台贷款。目前，有宜信网贷平台，无抵押、无押金，纯信用借款，1 分钟申请，10 分钟审核，2 小时到账。速度快，最高可贷 50 万元。以车款 20 000 元为例，贷款一年，每月还款 1 819.86 元，相当于在 12 个月后总共要还款 21 838.31 元，利息为 1 838.32 元。对于不想走烦琐的银行贷款流程的普通车贷一族，也是一种负担不大的车贷方式。

"除此之外，还有如'易贷网金融'这样的车贷平台，贷款方式众多，不用提供抵押和担保，只需提供工作收入证明、商业保险单等信用记录信息等。易贷网提供了薪资贷款、手机贷款和商业保险单贷款等更加接地气的车贷金融产品。薪资贷款需要贷款人提供身份证、户口本、工作证明、近半年的银行流水和水电煤气缴费记录等证明在本地居住的相关材料。手机贷款，满足有工作单位、手机号码使用满一年即可办理最高贷款 30 万元，利息 9‰的车贷。商业银行保险单贷款，无须工作证明，只需提供身份证和有效的商业保险合同即可申请一定额度的车贷。"小刘说道。

"小刘，你觉得像我们这种工薪阶层，选择哪种汽车金融产品比较好？"我又向小刘问了一个问题。

"我也是工薪阶层，以我自己来说吧！对于我这种工薪阶层，每天坐班的北漂一族来说，选择贷款方式较为便捷的 P2P 商业贷款比较适合，虽然利率高一点点儿，但是却省去了来回办理相关手续的时间，一切交给 P2P 平台，但前提是 P2P 的信誉信得过。"小刘对我补充道。

"小刘，等我和小英回去商量一下选择什么汽车金融产品。回头联系你。"窗外夕阳西下，一缕夕阳映入飘窗，我们和小刘简单说了几句就告辞了。

汽车保险购买有技巧

在购买爱车时，第一年，特别是 4S 店只允许在店里购买汽车保险。这时别无选择，汽车保险理财的可能性为零。第二年，汽车保险理财可行性非常强。

关于汽车保险理财，我专门去保险公司咨询了专门做汽车保险理财的小吴。小吴在汽车保险行业已经拥有近 10 年的经验。

小吴是一个 30 多岁的青年，文质彬彬的。

我热情地和小吴握了一下手。

"雅萱，你今天来主要想咨询关于汽车保险哪方面的知识呢？"之前我在预约之前，向小吴简单地介绍了一下自己的情况。

"小吴，今天要向你请教几个关于汽车保险理财方面的问题。首先，如果我打算买一辆车，需要购买哪些保险呢？选择哪些保险比较合适？"我把最感兴趣的问题排在了第一位。

"这个问题之前有很多人咨询过我，这是一个购车者普遍关心的问题。目前，国家强制上的车险只有一种，即交强险。但通常情况下，特别是对于新手，有三种车险必不可少，即交强险、车损险和第三者责任险。除此之外，如果是驾车不熟练的新手，可以考虑购买不计免赔特约险；对于经常开车到外地，无固定的停车地点或者居住在治安较差的小区，可以考虑购买全车抢盗险；对于少数高档车，可以考虑购买玻璃单独破碎险。"小吴说完用右手推了推镜框说道。

"是不是把所有车险都买全了，就万无一失了呢？"我对站在我面前的小吴说道。

"车险险种有十多种，如果都购买，既没有必要，也会增加一定的经济负担，只有适合自己的才是最划算的。这样，一旦车辆出现剐蹭等事故就可以向保险公司理赔，节省开销。我们站着说话多累，我给你找把椅子。"说到这儿，小吴转身去办公室搬了把椅子过来。

"现在保险公司这么多，我应该选择哪家保险公司呢？"我坐下问道。

"对于非首次投保的私家车，你可以先去比较大的正规修理厂对车保情况进行一定的了解。通常这些修理厂相关人员对保险会有一定的了解。多对比车险公司的投保费率情况，能节省一些钱。"小吴站在购车者的角度帮我分析私家车应当怎样投保。

"一般情况下，不同的保险公司在车险这方面能相差多少呢？"顺着这个问题我又继续问道。

"以平安车险、人保车险、太平洋车险为例，以非首次缴纳保险的 20 万元的私家车，缴纳车损险、司乘险、盗抢险和不计免责险为例，三家保险公司保费分别为 3 806 元、3 843 元、3 689 元。如果是 10 万元非首次缴纳车险的私家车，在三家保险公司缴纳的保险费分别为 2 552 元、2 588 元、2 482 元。20 万元的车在三家保险公司保费最高和最低相差 154 元，10 万元的私家车则相差 106 元。"小吴的手机上来了一条微信，他稍微停了一下，低头看了一眼。

"**雅萱，不同的保险公司之间的保费或多或少存在一定的差距，并且价格越高的私家车缴纳车险越多**。即使是同样的 30 万元的小汽车，高端品牌的车型肯定比低端品牌的车型投保费率高。欧美车系保费比日本车系保费高。说了这么多，都忘记给你倒杯水了。你先稍微等一下，我这就去给你倒杯水。"小吴转身为我倒水去了。

"你太客气了，谢谢小吴！"我感激地说道。

"天气热，多喝点儿水，免得中暑。"小吴说着把一杯柠檬水放在我手上。

"小吴，怎样购买车险能省钱呢？"我喝了一口柠檬水，清新的柠檬香让人神清气爽。

"不同的保险购买方式也会产生一定的差额。以购买一辆 12 万元的小汽车为例，在前一年年度没发生任何出险的情况下，全险为 5 680 元，如果选择在 4S 店购买车险，可以享受 7 折的优惠；如果选择电话投保的方式，可以享受 5.5 折的优惠，仅需 3 124 元。"小吴对我说道。

"为什么能有这么大的优惠力度呢？"我好奇地问小吴。

"4S 店代销保险通常有一定的手续费，而电话投保则会优惠一些。你只需拨通相应的保险公司的服务电话，告知自己车的情况，对方就会在 10 分钟之内在电脑里为你定制相应的车险，并且还会将保单快递到家，十分方便。电话投保成本较低。怎么样，这柠檬水的味道不错吧？"小吴对我说完这番话，喝了一大口柠檬水，很满足的样子，想必他平时一定很喜欢喝柠檬水。

"车险次数与保费之间存在什么关系呢？"我又问了小吴一个问题。

"车险次数与保费的关系可以理解为一般情况下，新车通常保费较高，并且只能绑定在 4S 店购买。但如果新车第一年没出险，第二年会享受一定的车险折扣，通常是 10%；前两年没出险，第三年车险能够优惠 15%～20%；之后几年，若没出险，最高可享受 5 折的优惠。因此，避免出现交通事故，可以节省很多保费。如果一辆车在第一年出险，下一年保费可能出现翻倍的情况。例如，一辆不到 18 万元的小汽车，如果在一年内出险五次，那么在下一年度保费将过万。因此，保费的增多和减少与出险次数有着直接的关系。"小吴说道。

小吴回答完这个问题后，我看了看挂在墙上的电子表，已经是中午 12:00 了。为了不耽误小吴的午饭时间，我与小吴道了别。

在送我走出办公室的路上，小吴对我说："不要小看汽车保险的选择，这里面有一定的省钱门道。在生活中多观察、多比较，会节省不少钱。"

"好的，今天来没少学东西。谢谢！"我再次和小吴握手表示感谢，随后走出了小吴的公司。

汽车保险赔付那点儿事

汽车保险虽然让有车一族吃了一颗定心丸，但是真正懂得这颗定心丸吃法的人却很少。很多人可能不知道，汽车保险赔付也有一定的理财之道。

为了多了解一些关于汽车保险赔付理财方面的知识，我又约了小吴在周日下午见面。

"小吴，是不是我购买了保险就等于吃了一颗定心丸呢？"

"这种观点是错误的。"小吴直接否定了我的观点。

"为什么？"我瞪着眼睛问小吴。

"很多人认为买了汽车全险，保险公司就应当对事故赔付全部损失。但是实际上，保险公司并不会100%赔付。保险公司对于自燃险、盗抢险、发动机损失险有 20%的绝对免赔额。此外，不计免责险并不覆盖自燃险、盗抢险和发动机损失险。**这三者险并非全赔，保险公司享有一定的免赔率，负全部责任免赔率为 20%，主要责任免赔率为 15%，同等责任免赔率为 10%，次要责任免责率为 5%**。车主知道这些后，就要尽量避免交通事故的发生，不要理所当然地认为购买车险之后就万事大吉了。"

"什么情况下保险公司不赔付呢？"我问小吴。

"很多情况下，车主去找保险公司理赔，保险公司却有理由拒绝赔付，因此，车主就要尽量避免保险公司拒绝赔付的情况，以便最大限度地减少损失。主要有以下几种情况，保险公司是拒绝赔付的。"小吴说到这儿清了清嗓子。

"第一种情况是无证驾驶，保险公司有权拒绝赔付。无论发生什么情况，只要是没有带驾驶证上路，责任全由车主承担。所以，车主一定要随时记得只要上路，就一定要带着驾驶证。不仅是为了防止交警查询，更多的是避免保险公司有拒绝赔付的借口。"小吴说着用右手挠了挠头。

"那第二种情况是什么呢？"我问小吴。

"第二种情况是车的倒车镜左右转向灯或者轮胎存在明显的坏损情况，保险公司有理由拒绝赔付。因此，车主最好每次开车前都认真检查一下汽车的各个配件是否正常工作，特别是左右转向灯等关键部位。"小吴说到这儿，看了看身后忙碌的同事。

"看来倒车镜转向灯和轮胎开车前一定检查一遍。第三种情况是什么？"我问小吴。

"第三种情况就是汽车涉水再次点火的。北京的夏天，暴雨通常集中在七八月份，暴雨有可能导致小车在道路上行驶时由于熄火而出现故障。这时，如果一熄火，很多车主自然就会重新点火，但是，就是这么一转钥匙，有可能导致发动机出现故障。这种情况保险公司也是不赔付的。所以，当涉水熄火时，千万不要再次点火，要及时拨通保险公司的电话，等待相关人员的处理。"说完这些小吴的嗓子好像有些沙哑。

"小吴，你赶快喝点儿水，天气太干燥，你又跟我讲了这么多，嗓子难免受不了。"我示意小吴喝口水再讲。

"没事的，这算什么啊，有时候有的客户向我咨询，一咨询就是一上午。我早就练出来了。"小吴清了清嗓子，并没有喝水的意思。

"真是辛苦你了。第四种情况是什么呢？"我问小吴。

"第四种情况是**事故发生时间超过48小时，没有及时告知保险公司的，保险公司有权拒绝赔付**。此外，像地震、台风、冰雹等恶劣天气导致的汽车出险，保险公司也是不赔的。因此，当这些极端恶劣天气出现时，还是不要驾车为好。看来我真得喝口水了，嗓子受不了了。"小吴说完拿起杯子，喝了两口水。

"小吴，我想问一下，如果自己拿着修理单据找保险公司理赔，保险公司会接受吗？"我对喝完水的小吴说道。

"一般情况下，车主自行修理汽车，带着修理单据找保险公司理赔，保险公司不会赔付。因为，一旦擅自修理好汽车，汽车损坏的证据也就消失了，保险公司无证不赔。并且如果你在汽车修理期间，在汽车修理厂发生的任何剐擦问题，保险公司也是不赔付的。因此，如果一旦出险，千万不要自己去修车，这样你就会失去保险公司赔付的机会。"小吴对我的问题耐心的解答到。

"除了你说的这些情况外，还有什么情况是保险公司不赔付的呢？"

我又问道。

"还有一些关于汽车保险赔付的理财方法。首先，最好不要同时在两家以上的保险公司购买车险，有些车主认为既然购买了两份保险，当然应该享受双份保险，但事实是两家保险公司各赔付 50%，等于两家保险公司联合只偿付应当补偿的损失。所以，最好不要购买两份保险。"小吴耐心地对我解释道。

"那其次呢？"我抬头问小吴。

"其次，如果车在外地出险，需要将车拖回本地维修的，事先与保险公司商议，这样保险公司才会给你报销拖车费用。但通常情况下，保险公司为了节省费用会亲自派车去现场处理或者主张在当地维修。最后，很多车主喜欢给车配备一些额外的设备，但这些新增的设备并不在保险公司理赔的范围之内，这个时候你需要另外购买一份"新增设备损失险"才会得到相应的理赔。"这时，小吴的一个客户走进了办公室。

我赶忙和小吴感谢并道别便走出了小吴的办公室。

让"车"既能"省钱"又能"生钱"

终于买了一辆宝马 3 系，车子外观看上去很符合年轻人的品位。但是每天公司都有班车上下班接送。因此，开车的时间并不长，既没有实现这辆车的价值，也日益贬值。于是，我向同事小张询问有没有什么好方法让车既"省钱"又"生钱"，小张给我了几条建议。

"如果买的车属于高档车，如果自己不开，也可以出租给婚庆公司。 目前，这种宝马 3 系车在婚车市场上很受欢迎。前段时间，小张就自己花了 20 多万元买了一辆二手的凯迪拉克，在五一、十一时向往外出租，一天能租几千元。他说他买的这辆凯迪拉克没想到在婚车市场上这么火，出租一年就回本了，现在出租属于纯盈利。他建议，像婚车市场上都比较倾向于租高端车。例如，宝马、奥迪、凯迪拉克等。"小张把自己的租车经验告诉了我。

"我的车不属于高档车，还有什么赚钱方法吗？"我对小张问道。

"如果常年不开，可以选择一家专业度高、安全性高、收益性高的租车平台或者租车公司，挂在上面出租。如果短租，可以赚回保险费和油费。选择租车平台最好选择带驾车人一起出租，保障性和安全性更高。并且，一定要注意签订一份带有车主姓名、车牌号和车主、租户权利责任的明细合同条款，这样更有法律保障。以一辆20万元的新车为例，每天出租的租金是280元，一周就是1 680元，一个月就是7 280元。"小张说道。

"这样的租车公司我去哪里找呢？"我问小张。

"现在一些基金公司都可以开展租车业务。不同的是，基金公司通常会要求购买指定的车型，然后你可以把车租给它们，当然，这属于纯粹的租车理财。以一辆10万元的私家车租给基金公司为例，第一年加上购置税等需要投资13万元，每月租金3 000元，3年收回108 000元。3年回本。3年后你可以选择继续租给基金公司，或者将小汽车卖给基金公司。基金公司会以原价的50%收回，那么你就净赚58 000元。"

"除了租车，还有哪些既省钱又生钱的方法呢？"我接着问道。

"除此之外，平时一些细节也可以为爱车省下一些钱。例如，严格按照汽车说明手册上的要求给汽车加油，千万不要用高标的汽油给低端的汽车加油。并且，要选择到正规的加油站加油。平时用车时多加注意，也能帮你省下不少钱。"

我匆忙谢过小张，走出了小张的办公室。

小结

1. 买车之前只要省钱，不影响你正常的交往或生活，那么是应当值得赞成的。自己做早餐绝对是买车之前的一个省钱之道。

2. 月薪 5 000～7 000 元，可以选择 10 万元左右的代步车。月薪 7 000～15 000 元，可以考虑购买 20 万元左右的车。

3. 一些老板自己的公司周转需要更多的流动资金，那么贷款买车是必要的。但是贷款买车有风险，需谨慎。

4. 如果手头确实有些拮据，尽管现在选择汽车金融公司贷款购车的较多，但到底选择汽车金融还是银行贷款购车，一定要结合自身情况来决定。

5. 商业银行信用卡车贷会收取手续费。汽车金融公司审批流程效率高，其弊端是贷款利率相对较高，并且通常被绑定其他消费，比如，购买合作车险，缴纳车辆保押金等。

6. 不同的保险公司之间的保费或多或少存在一定的差距，并且价格越高的私家车缴纳车险越多。4S 店代销保险通常有一定的手续费，选择电话投保则优惠很多。

7. 三者险并非全赔，保险公司享有一定的免赔率，负全部责任免赔率为 20%，主要责任免赔率为 15%，同等责任免赔率为 10%，次要责任免责率为 5%。事故发生时间超过 48 小时，没有及时告知保险公司的，保险公司有权拒绝赔付。

8. 如果买的车属于高档车，这种车如果自己不开，也可以出租给婚庆公司。如果常年不开，可以选择一家专业度高、安全性高、收益性高的租车平台或者租车公司，挂在上面出租。

财女变身记之三
——理财产品的选择

股市投资——你选好一只绩优股了吗

美国巴菲特在我心中一直是一个传奇。对于股市的投资是受到我的一个发小——小美的影响。小美在最近几年，通过炒股小赚了一笔。在小美的帮助下，我也在证券公司营业部开通了一个股票账户。开通股票账户之后，小美劝我不要马上买入股票，而是先从学习各种股票知识开始。例如，趋势线、黄金分割线、KDJ、CCI。对于我这种从来没接触过股票的人，我也意识到一定要狠补股票常识。

我以 10 000 元作为炒股启动资金，因为从来没有炒过股，小美建议我启动资金不宜过多。

我入市时正好赶上了牛市的疯狂。当时正好传来了"紫金矿业"利好的消息，于是，我将启动资金全部购买了"601899 紫金矿业"的股票。当时买入价是 3 元，在上证指数突破 6 000 点大关，并于次日又创历史新高 6 202 点之后，我购买的这只"601899 紫金矿业"股票一路飘红，最终上涨到 5 元。每股净赚 2 元。在上涨到 5 元之后，我并没有跑掉，随之有了小小的跌幅，下跌到 4.89 元，于是，我将这只股票卖掉，每股净赚 1.89 元。

正是在小美的指导下购买的这只"601899 紫金矿业"股票，使我赚到了股票市场的第一桶金。随后，我又购买了一只"600187 黑龙"股票，当时低价买进，因为听到这家公司可能重组的消息，在经历了 3 年的停牌之后，复牌连续疯长，将复牌后的这只股票卖掉，盈利不少。

以我个人的炒股经验来看，虽然，第一次炒股就碰上了开门红，但并不是每次我购买的股票都属于绩优股。

在购买股票的过程中，一路可谓险象迭生，惊心动魄。我也经历了买进、套牢、割肉，再买进、再套牢、再割肉的情况。因此，我通常很关心这只股票是不是有利好的消息，进而确定和判断这只股票是不是属于绩优股，是绩优股就买进。

我从小美那儿学到了一个炒股妙招，就是每次买的时候不要全部投在一只股票上，**防止被套牢，可以购买多只股票或者在资金较少的情况下，**

购买一只股票分 2~3 次购买，这样有利于降低风险。坚持始终不满仓的原则，可以最大限度地减少股票的损失。

基金理财——多元收益

最近公司的同事们在午餐过后总在谈论购买基金的事情。我没有买过基金，因此与同事自然就谈不到一块。但是，渐渐地，我从他们的谈论中得知购买基金风险相对于股票来说比较小，并且收益还不错。此时，我心里也痒痒的，跃跃欲试。

为了多了解一些基金知识，我专门给发小小美打了个电话，约在周六的下午在"乐咖啡"向小美请教一些关于基金理财的知识。

天公作美，周六下午阳光很好，并且气温不高，穿一件单衣，让人感觉非常舒适。"乐咖啡"坐落在一个度假村的旁边，面对的是一个巨大的高尔夫球场，绿茵茵的草地让人心情舒畅，忘却了上班的压力。阳光透过"乐咖啡"的落地窗，洒在了欧式范儿十足的圆形咖啡桌上。在这样一个让人放松的氛围中，我和小美开始了对于基金理财的谈话。

"小美，最近你的股票怎么样？"我对小美说道。

"最近股市不景气，经历了一个星期的暴跌，亏了不少。最近开始投资基金理财，收益比股票高。"小美那双大圆圈银色耳环在"乐咖啡"柔和的灯光下熠熠生辉。

"我没买过基金，小美你先简单给我介绍一下什么是基金。"我对小美说，随后向身边的服务员要了两杯纯咖啡。

"雅萱，股票风险高，收益也高，但毕竟在股市中赚钱的多为大户或者专业炒股人士。基金虽然表现并没有好的股票收益高，但是把钱投入基金公司，基金公司有一支专业的团队，这个团队里有投资经验丰富、懂得金融知识的专家，可以帮你实现保值增值，提高自由资金的抗通货膨胀能力。通俗地说，就是把钱投给会理财的团队，让他们给你管理钱，如果他们有好的投资渠道，利息还是不少的。"服务员把两杯热咖啡端上来，小美说完习惯性地拿勺子搅了搅放在自己面前的这杯咖啡。

"小美，午餐的时候听同事说购买基金需要手续费，是这样的吗？"我喝不惯纯的咖啡，往咖啡里放了点儿牛奶和糖。

"购买基金开户需要手续费，通过网银在基金公司网站开户可以省去一些手续费。基金开户后，可以选择定投或者申购的方式。区别在于，定投购买基金，需要每个月定期往基金账户里存钱，注重的是长期收益。申购虽然不用每个月定期投钱，但是需要看准买入时机。我喜欢选择定投的方式购买基金，一方面可以让闲钱生钱，另一方面可以养成定期储蓄的习惯。"小美说完喝了一大口咖啡。

"购买基金有什么降低风险的技巧吗？"我也稍微抿了口咖啡。

"雅萱，在每个月不影响"吃饭"的前提下，可以选择几只基金进行购买。这是因为，如果只购买一只基金，抗风险能力较弱。**选择几只不同类型的基金，可以相互抵消一些风险。**例如，选择投资热门行业基金中小盘基金或者大盘基金等。"

"小美，经常听同事说股票型基金、混合型基金，还有主动型基金。这些基金类别到底是什么意思？它们之间又有什么不同呢？"我问道。

"雅萱，基金也有不同的分类。基金主要有以下几类：股票型基金、混合型基金、主动型基金、货币型基金、转债型基金。先讲股票型基金。如果你想获得高收益，那么可以选择一只股票型基金。"

"混合型基金怎么理解呢？"我接着问下去。

"相对于股票基金依赖基金经理的职业判断，混合型基金则更为灵活，股票型基金不能全盘卖出，而混合型基金可以在看涨或者看跌时大量买进卖出。并且，混合型基金由于投资股票债券和货币市场，因此，比股票型基金抗跌性更好。例如，招商基金就属于混合型基金。"小美说道。

"主动型基金又是什么呢？"我对着小美问道。

"主动型基金通常是指指数型基金，围绕某个指数上下追投，通常指数型基金跑不过大盘。但一只科学的主动型指数基金可以规避很多风险。如果大盘处于上升的波动期，并且准备持有 10～15 年的基金，可以选择指数型基金。"

"讲一讲货币型基金吧！"我趁着小美喝咖啡精神上来了的劲儿顺势问道。

"货币型基金的特点在于低风险、低收益，但变现能力强，赎回灵活。通常在赎回的第二个工作日，基金赎回款就可以到账。货币型基金可以委托给基金公司办理，省时省力。例如，嘉合货币、民生加银现金增利货币等属于货币型基金。"小美说完这几句话望了一下窗外。

"最后介绍一下转债型基金。"我深深地吸了口气，缓解一下暂时紧绷的神经。

"转债型基金通常是在股票市场不景气时选择购买，在股票市场火爆的时候卖出。有的转债型基金收益表现也很好，例如，广发基金和易方达基金都属于转债型基金。"小美说完把咖啡喝了个精光。我向服务员示意再要两杯。

"小美，关于购买基金，你有什么好的建议吗？"说到这儿，服务员把咖啡递到了我和小美面前。

购买基金进行理财，不要只看基金经理的行头，还要看整个基金团队的业绩。 如果偏向于长期购买和高收益，那么选择股票型基金。如果偏向于风险中等，选择混合型基金。如果风险偏好较小，可以选择债券型基金。在这里，推荐两只基金，华夏基金和广发基金。这两只基金平均收益水平都表现很好，并且优势增长能力较强。"小美说完这些，伸了个懒腰。

我们在"乐咖啡"一直聊到夕阳西下，两个单身财女坐在咖啡桌前享受静静的时光何尝不是一种人生乐趣呢。

定投理财——为养老攒下一笔钱

周末的大好时光，我决定不能窝在家里，打电话给闺密小英，准备去她那里玩。

"小英，你周末有什么计划吗？"我对着电话那头的闺密小英说道。

"还有什么计划啊，周末就是倒头大睡，然后睡到自然醒。"闺密小英语气平静地对我说道。

"反正你也无聊，不如这样，我周末去你那里玩，怎么样？"我和小英又谈到"玩"这个共同话题上。

"好的，正愁周末怎么度过呢。你来了，咱俩好好聊聊。我提前到超市买好菜，咱就在家里做饭。吃家常菜，怎么样？"电话那头的小英显得有些兴奋。

"好，一言为定。"我对电话那头的小英干脆地说道。

"好。我等你。"小英答应得也很干脆。

我换上一件休闲的运动服，扎了个清爽的马尾就出门了。

我到了闺密小英家。小英为我的到来特意打扫了房间，看上去明亮而干净。我在闺密小英家从来都很随意，她也不把我当外人。两个人窝在沙发上，边嗑瓜子边聊天。

"小英，你这茶几上放着一张单子，是什么啊？"我顺手指了指放在茶几上的一张绿色的单子问小英。

"哦，你说得是这张单子吗？这个是我最近开始做的一项理财产品。"小英边说边把单子从茶几上拿到我面前说道。

"什么理财产品？"我好奇地问小英。

"你看，是定投理财。"小英说完把单子递到我手上。

"小英，你这又刮的哪门子风啊？怎么想起做定投理财了？"我抓了一把瓜子放在手上。

"雅萱，我刚参加工作的时候每个月工资才 3 000 元，基本上属于'月光族'。为了尽快地摆脱月光族的行列，我向一个资深理财的朋友咨询了一下像我这种情况应该怎样理财。这位朋友回答的是，对于'月光族'最适合的理财方式就是定投理财。**选择定投理财，每个月不需要投入很多钱，就可以实现轻松理财，赚取长期收益**。以月薪 3 000 元为例，每个月省出 200 元来不是什么大的障碍。定投每月可以将 200 元进行长期投资，这样只需将每个月的零花钱存上 10 年，收益就很可观了。"小英说完嗑了一粒瓜子。

"小英，当时你这位做理财的朋友是怎么跟你说的，让你上套了？"我问小英，因为我刚开始工作的时候手头也没钱，也没想到要做定投理财。

"我的朋友说，对于 20 多岁的年轻人，手头并不是很宽裕，优先考虑定投。每个月可以选择在发工资的第二天，与银行或者基金公司约定自动从绑定的工资卡上扣除 200 元作为定投资金。虽然，每月 200 元对于"月光族"来说有时仅仅是一顿聚餐的钱，但是若能长期坚持存下去，10 年后将获得一笔不小的收益。" 小英说完，把手中剩下的几粒瓜子嗑完。我点了点头，对小英朋友的观点表示赞同。

"况且，20 多岁的小青年，面临着今后结婚购房付首付，将来子女教育和退休养老等方面的资金压力。此时为自己的将来存上一笔备用金，也不失为一个好选择。"小英对我说道。

"我身边有一个同事，已经 40 多岁了，他现在仍然坚持定投理财，每月存入 2 500 元，十多年，虽然成本投入了 30 多万元，但是资金加利息收回了 50 多万元，收益相当高。当然，他研究定投也有好几年了，懂得如何选定一只好的定投基金并且在有利的时机出手。"小英对我说道。

"小英，你的这位朋友，没有告诉你一些关于定投理财的注意事项吗？"我问道。

"当然介绍了。首先，**选择定投，一定要长期坚持**。如果只买一两年就没什么意思了。收益也会非常少。通常定投理财都专注于 10 年或 10 年以上的持续性投入。"小英对我说道。

"其次，并不是所有的基金或者产品都适合做定投。在这里，他向我推荐了两只定投基金——××和××。目前，他自己也定投这两只基金，收益比较好。"小英对我说道。

"再次，掌握好解约的时间。例如，对于快到退休年龄的老人，应当及时关注自己的解约时间，以享受相应的定投收益。"小英说道。

"最后，关于定投资金赎回。有部分定投基金是允许一次性赎回或者分次赎回的。如果允许分次赎回，并且市场已经上升到一个相对较高的高点时，可以先行赎回，投资到其他收益更高的定投上。"小英从冰箱里拿出两杯果汁，递到我手上一杯。

"雅萱，定投贵在长期坚持，积少成多。你也赶紧做定投理财吧，以后也可以不再做"月光族"了，每个月存上几百元，为自己以后的养老积蓄资金。"小英边喝果汁边劝我做定投理财。

"这果汁味道好极了，来，干杯，庆祝咱们这次的小聚！"砰砰的碰杯声夹杂着欢笑声充满整个客厅。

国债理财——有保障

吃完简单的晚餐，我又习惯性地往沙发上一倒，拿出遥控器刷台，现在是晚上7：05，这个时间档可以看新闻联播，我随手拿起一把瓜子嗑了起来。

"我国将于下周发行新一期的国债……"这条新闻牵动了我的神经。国债也是一种理财方式，却被我忽视了很久。

曾经国债一度很火，甚至出现了借贷疯狂购买国债、投机倒把异地购买国债的情形。最近受到互联网金融的影响，使得国债的"受宠"程度有所下降。但每到国债发行的时候，仍然"一债难求"，这说明国债还是有着一定的受众群体的，尤其是对金融理财不太精通的老年人们。她们往往是购买国债的主力军。但购买国债不是老年人的特权，城市"白领"们也要考虑多元化理财，也可以购买国债。

在这条新闻播报后的第二周，也就是国债发行的那一周。我拎起包，化了个淡妆，直奔银行。

银行里早已人满为患，多数是老年人。他们有做理财的，有取钱的，甚至还有过来遛弯乘凉的。一位穿着西装的年轻小伙子向我走来。

"您好，请问您办理什么业务？"小伙子热情地和我打招呼并询问情况。

"我是来买国债的。你们这儿现在能买吗？"我问道。

"姐，你来晚了，现在国债已经抢光了。实在是抱歉，但是看您对国债肯定是了解不多，不然不会这么冒昧地过来购买国债。我可以给您介绍一下国债的基本情况，这样你也能对国债有更多地了解。"小伙子跟我说这些话，一直站着，而且在原地一动不动。

"好的，我确实了解不多。今天特意来到银行，如果你能让我对国债了解地更近一步，也算我没白来。"我说道。

"姐，咱们坐下说。"小伙子把我让到座位上。

"姐，**购买国债最大的好处在于获得的收益远远大于银行存款，并且具有相当强的稳定性**。以国债和银行存款的对比来看，可以看出购买国债的强大优势。以 2016 年为例，首期发行的国债利率 3 年期为 4%，5 年期国债利率为 4.42%。而同期银行存款利率，如零存整取、整存零取、存本取息的 3 年期为 1.55%，5 年期为 1.55%。"这时，我打断了他。

"银行存款的利息这么低啊！小伙子，你说了这么多，我还不知道你叫什么名字呢？"我对坐在对面的热情并且工作尽责的小伙子说道。

"姐，您叫我小张吧，我是这里的理财经理，您以后有什么关于国债或者与理财有关的问题都可以找我。"小张说道。

"与银行存款相比，国债的利息能差多少呢？"我顺便又问了小张一个关于国债利息的问题。

"姐，以购买 5 年 10 万元的国债为例，与银行存款相比，以单利计算 5 年国债利息收入 22 100 元，而银行存款定期利息收入 7 750 元，两者利息相差 14 350 元。可见，购买国债比银行定期利息要高出许多，优势不言而喻。"小张说完，给我倒了杯水。

"姐，您喝点水。您可能不知道，**与银行存款不同的是，国债在提前支取方面也存在优势**。如果定期存款提前支取，哪怕是提前一天支取，所有利息将会按照活期利息支付。而国债提前支取会按照时间分档支付利息，代价是付出千分之一的手续费。但是，如果购买不到 6 个月的国债不建议提前支取，因为这个时候，你不仅得不到任何利息，还要为此付出一定的支取手续费。毕竟国债是与银行约定的较长时间的高收益投资，轻易撤出也要付出一定的'代价'。"

"小张，除了到银行购买国债外，还有什么途径可以购买国债呢？"我喝了口水问道。

"姐，您可以选择在柜台办理，也可以通过网银购买。如果去柜台办理，因为国债在各个银行的利息都一样，不用特意跑到大银行去购买，以避免排长队。通过网银购买，可能并不是每家银行都可以通过网银购买，如果网银不可以购买，可以打电话咨询相关的银行。一般需要开通一个"国债托管账户"用来购买国债，将这个账户与具有网银功能的银行卡绑定就可以。"小张说到这里，从兜里掏出一张名片递给我。

"姐，这是我的名片，请拿好。我在银行工作也有五六年了，通过最近几次购买国债的情况来看，国债购买异常火热，一般发行当天就会被换购一空。因此，有必要提前做好网银购买国债的相关准备，以免错失良机。国债一般当天 8：30 开始发行，要早早地锁定有购买意向的产品。"小张对我说道。

"小张，购买国债的时候要注意一些什么呢？"我把小张给我的这张名片放进了包里。

"姐，在购买国债后，不要忘记查证自己的"国债认购确认书"，也可以打印出来保存。对于电子式国债，一定要保持对于国债到息日的关注。一旦国债到期，就需要手动将国债转入下一期，这样就可以实现复利增值。"小张对我说完这些，我一看手表，1 个小时都过去了。因为我还约了闺密小英去商场买东西，于是我和小张匆匆道别离开了银行。

外汇买卖——专注汇率的理财

最近周末我约闺密小英出来玩，她都没空，也不知道她在忙些什么。我打了个电话过去："小英，最近你在忙什么呢？叫你出来玩，也不出来，咱俩的'漫咖啡'之行什么时候兑现啊？"我带着一丝责备的语气对闺密小英说道。

"我还说呢，最近都忙晕了。最近，有一个朋友向我推荐了一种理财方式，我正在钻研，哪里还顾得上出去玩。那个'漫咖啡'下个月吧，到时候我请你啊！君子一言，驷马难追。我这个月要在理财方面有所突破。请见证我的奇迹吧！"小英说道。

"什么理财方式让你如此痴迷？快说来听听。"我听小英这么一说，顿时来了兴趣。

"外汇买卖，怎么样，之前很少听说吧？"小英说道。

"外汇买卖对于绝大多数人来说接触得很少，更不要说做外汇的理财了。快说说，你这位值得信赖的朋友是什么来路啊？"我好奇地问小英。

"电话里跟你说不清楚，你直接到我这里。我们俩当面聊聊，正好也好长时间没见了。在我家吃个饭。咱们聚一聚。"小英说道。

"好，今天下午我过去。晚饭在你那儿吃，尝尝你的拿手菜。"我说。

"好，你大概几点到？我也好提前去菜市场买点菜。"小英为了这次聚会，看来还真是准备精心准备了。

"我大概六点到。小英，千万别买什么鲍鱼之类的啊，咱们就吃家常菜。"我对小英叮嘱了几句。

"瞧你说得，太瞧得起我了。我呀，就买一些我平时会做的拿手菜的材料就行了。你就空着肚子过来吧，保证你吃完不想走。"小英说道。

"好，六点见。"我挂断电话收拾一下就出门了。

"你可算来了，我从菜市场买菜回来都等你好久了。一会儿做你最喜欢吃的回锅肉。你瞧，我买的猪肉多新鲜。"小英对我说道。

"你还记得我的最爱是回锅肉啊？我以为你研究外汇买卖已经走火入魔了呢。"我对小英说道。

"言归正传，我们先聊聊外汇理财。"小英说着递给我一个苹果。

"你说，我洗耳恭听就是了。"我说道。

"雅萱，如果懂得一些外汇知识，将外汇买卖作为一种理财方式也很好。**买卖外汇要遵循一个原则，即"低买高卖"，当你觉得某种币值相对于另外一种币值有升高的趋势时，买入前者，待涨价后卖出，赚取差价。**由于外汇买卖是在双向交易市场中进行的。因此，赚取差价这一理财手段在外汇买卖市场上能够实现。"小英说着自己也拿起一个苹果啃了起来。

"你是从哪里做外汇买卖呢？在哪里可以开户？"我问小英。

"外汇买卖理财可以在银行柜台进行开户，现在更为便捷的方式是通过电话开户，给想通过外汇买卖进行理财的人士提供了更多的便利。怎么样，这个苹果味道很不错吧？"小英对我说道。

"还真是很甜呢。一直都搞不懂外汇买卖是怎么赚钱的，你给我讲讲。"我对小英说道。

"雅萱，外汇买卖的理财原理可以用一个公式表示：获利=利润-手续费。例如，在欧元美元外汇买卖中，一手（10万美元）手续费为100美元，欧元美元货币对1.50，你认为未来这个数会涨，于是买入一手，果然，不久之后欧元美元货币对涨到了1.51，这时你卖出，获利为900美元。900美元即通过外汇理财实现的收益。"小英以我能理解的最简单的方式对我讲道。

"小英，你觉得外汇理财应该注意些什么？给我这样的新手一些建议。"我对小英说道。

"由于国内的点差比比较大，往往利润很少。对于投资外盘的外汇买卖理财来讲，虽然点差比相对于内盘稍大，但需要投资人将资金打到境外的私人账户中，存在一定的资金安全隐患。如果选择外盘，则一定要选择有监管的，最好是有多国监管的外汇买卖交易，防止资金被对赌平台套牢。除了回锅肉，您还喜欢吃什么？"小英问我。

"随便什么都行，只要是你做得菜，我都喜欢吃。"我对小英说道。

"好，那我再做个西红柿炒鸡蛋吧！这个营养又美味。雅萱，**外汇买卖中一定要有足够的耐心，并且要熟知外汇买卖规则，总之，要通过外汇买卖实现理财有一定的专业要求**。在外汇买卖中尽量控制交易成本，选择不加佣金的交易，并且要将趋势交易法、对冲加码交易法、网格锁交易法等灵活运用到外汇买卖交易的过程中。你先看会儿电视，我这就准备下厨。"小英说着起身进了厨房。

"我给你打下手。"我也追着小英进了厨房。

保险理财——不可忽视

"丁零零"，我的手机响了起来，今天是周六，我刚刚起床一个小时，已经是早上9点整。我看了看放在书桌上的手机来电显示，是闺密小英。

"小英，什么事啊，大周六早上的，你今天怎么没有睡到中午，是不是有什么心事，睡不着了？"我知道小英周末爱睡懒觉。

"我有个同事，昨天晚上到我家里来跟我聊了聊买保险的事，我觉得她说得挺对的。不如这样，今天咱俩去趟保险公司，看看保险公司的专业人士怎么说。你今天没有其他的事情吧？不如出来透透气？"电话那头的小英这语气不像是刚起床，看来她对保险理财有着很大的兴趣。

"好吧，恭敬不如从命。10点在你家小区门口集合。对了，你要去哪家保险公司？"我问小英。

"好的，就去离我家小区最近的'××保险公司'，我们这次去主要是多了解一些情况，如果好的话，回头咱俩再商量，看买什么保险理财产品合适，怎么样？"小英对我说道。

"好，就这么定了。"我说完就挂断了电话，准备出门和小英会合。

我和小英来到了"××保险公司"，走进这家保险公司的大楼里，装修得跟五星酒店差不多。没想到的是，周六保险公司早已人满为患，前来办理保险理财的人不少。看到我们走进保险公司的大门，一个年轻的小伙子走了过来。

"你好，你们是来办理保险的吗？"小伙子很热情地问我和小英。

"对，我们想做保险理财。"我对小伙子说道。

"好的，两位这边请。我是'××保险公司'的理财顾问李彬，叫我小李就行。"小李边说边把我俩引到了聊天的茶座上。我和小英嘀咕着，这家保险公司的办公环境看上去真是"高大上"，仅在这里坐一坐都觉得很舒服。

"请问两位怎么称呼？"小李问我和小英。

"我叫雅萱，她叫小英。"我对小李客气地说道。

"好的，首先，非常欢迎你们二位来到'××保险公司'。今天你们想咨询什么？很多人对于保险的印象仅仅停留在保障人身安全或者是医疗支出方面，对于保险理财，很多人了解地不多。其实，保险公司近年来推出了很多理财产品，如果手头有闲钱，可以花一些用在保险理财方面。你们先坐着，我去给二位倒杯咖啡。

"谢谢！"我和小英接过小李拿来的两杯咖啡感谢地说道。

"别客气。保险理财具有投资起点低，期限较长的特点。特别要注意的是，有部分保险理财产品对购买人的年龄进行了限定，投保人年龄不得大于 60 岁。保险理财就是用自己购买的保险单产生收益。简言之，就是投保人每年缴纳一定的保险费用，达到一年年限后，享受一定的分红和收益，另加保险保障的理财方式。保险公司会将投保人的这部分资金进行投资，分红便来自这部分投资收益。**这部分保险理财产品兼具投资和储蓄的功能，同时购买人通过购买这些保险产品可以达到对个人和家庭的风险管理和投资的目的。**"小李说道。

"小李，我看到很多人买分红型保险理财产品，你给我和小英介绍一下吧！"我对小李说道。

"雅萱，保险理财最基本的是分红型保险。例如，投保人每年缴纳保费 20 000 元，连续缴纳 5 年，保费 10 万元。5 年后，投保人享有年限为 10 年，基本保险金额为 15 万元的保险保障。如果你们感兴趣，今天就可以购买理财型分红保险产品，并且能够享受很大的优惠。"小李说到这里，有些推销保险产品的倾向。

"小李，除了分红型保险理财产品外，还有哪些保险理财产品？"小英看到小李要我们购买保险理财产品，立马打断了对话，问了另一个问题。

"除此之外，还有几款其他的保险理财产品。第一种就是高中教育保障金。对有孩子的家庭而言，可以考虑购买一款高中教育保障金。在高中阶段的 3 年里，每年可以领取保额的一定比例的教育基金，为高中孩子的花销提供一份保障。"小李对我和小英说道。

"我和雅萱还没有结婚，给小孩买高中教育保障基金理财产品是不是有些早？"小英有些不理解地问小李。

"我说这些的目的，在于让你们提前了解高中教育理财保障基金。为以后给小孩购买保险做准备，多了解一些总是有好处的。你说对吗？雅萱。"小李把话转到我这儿。

"小李说得也对，据说除了高中教育保障基金理财，还有大学教育保障金保险理财，是吗？"为了避免三人之间的尴尬，我接过小李的话说道。

"对，我们这也有大学教育保障金理财产品。与高中教育保障金相同，通过缴纳一定年限的保费，即可实现在大学 4 年里保障孩子所有的花销。大学教育保障金是用现在的钱为孩子将来的花销做保障，同时可以获得保险公司额外的分红收益。一举两得的事情不是很好吗？"小李对我和小英说道。

"小李，对于我和雅萱这样的女青年。适合买什么保险理财产品？"小英直奔主题。

"小英，如果你打算以后创业的话，有一款保险理财产品很适合你。创业保障金。毋庸置疑，对于单身女性来讲，这款保险理财产品再合适不过了，等到你 25 岁时，便可一次性提取，并享有相应的收益。"小李说这些话的时候，目光很真诚。

"小李，但是目前我和雅萱都没有创业的想法，除了这些还有哪些适合的吗？"小英对小李推荐的创业保险理财产品并不感兴趣。

"小英，还有一款保险理财产品适合你们，意外伤害医疗保障金。这款保险理财产品适合自主创业或者自由职业者。每个保单在年度内可以获得相应的赔付，为这些人士提供了保障。"小李说完这些深深地吸了一口气。

"小李，你从事保险理财行业这么久。对于我和雅萱这样的客户，如果买了你们的保险理财产品，应该注意些什么事项呢？"尽管看到小李有些疲惫，但是对于感兴趣的话题，小英仍然继续问道。

"小英，**购买理财产品既是一种投资行为，又是一种减损行为**。保险理财产品避免了由于事故所造成的经济上的困境。但是，在购买保险理财产品时，需要注意一些事项。第一，购买保险理财产品要根据自身的经济实力购买，避免出现亏空的情况。第二，不要轻易中途"退保"。很多保险公司可能会出现中途"退保"所获赎回款小于本金的情况。"这时，小李的手机响了一声，小李看了看，按下了拒绝键。

"小李，你先接电话，不影响我们的。"我对小李说道。

"没关系，是个推销电话。再接着讲，例如，××购买了××保险公司的一款保险理财产品，他想在未满一年投保期间将款项 17 000 元赎回但是，保险公司以未到一年投保期为由，赔付××7 000 元，这样，××只能眼巴巴地损失 10 000 元，损失率超过 50%。"小李说完，手机又响了起来，小李向我和小英道了一下歉，到旁边接了个电话。

"一个客户打来的电话，也是咨询一些有关保险理财的事情。刚才说完两点了。第三，如果你们不在我这购买保险理财产品，就要慎重选择保险公司，并且要在选择保险公司之后，将《保险理财规划书》研究清楚。有些人看到长长几页的《保险理财规划书》便失去了耐性，结果导致后期出现由于对于保险条款的疏忽不能及时赔付的情况。因此，即使《保险理财规划书》再长，也要耐着性子看下去。"小李说完这些，已经显得很疲惫。

"小李，你说了一个多小时了。我看今天就先到这里吧！回头我和小英商量一下，看看选择哪一款保险理财产品合适，到时候再联系你。"我看到小李太累了，就打断了谈话。

"好，最近公司一个项目忙得确实有些累。今天对不住了，如果有需要，随时电话联系。"小李说完这些和我们做了一个再见的手势。我和小英拿起包走出了"××保险公司"的大门。

小结

1. 购买股票，防止被套牢，可以购买多只股票，这样有利于降低风险，坚持始终不满仓的原则，可以最大限度地降低股票中的损失。

2. 购买基金进行理财，不要只看基金经理的行头，还要看整个基金团队的业绩。

3. 选择定投理财，每个月不需要投入很多钱，就可以实现轻松理财，赚取长期收益，并且一定要长期坚持。

4. 购买国债最大的好处在于获得的收益远远超过银行存款所获收益，并且具有相当强的稳定性，而且国债在提前支取方面也存在优势。

5. 买卖外汇要遵循一个原则，即"低买高卖"。外汇买卖中一定要有足够的耐心，并且要熟知外汇买卖规则。

6. 部分保险理财产品兼具投资和储蓄的功能，同时购买人通过购买这些保险产品达到了对个人和家庭的风险管理和投资的目的。购买保险理财产品既是一种投资行为，又是一种减损行为。

财女变身记之四

——省钱有妙招

女性日常开支该如何省钱

女性通常是"冲动消费"的埋单者，在不知不觉中钱包就瘪了，购物卡中的钱突然就变少了。女性在日常生活中要做一个理智的理财者。

周五刚好发了工资，周末我就约闺密小英去逛商场。商场正好周末大促销，很多款名牌衣服和包包都在打折。正好发了工资，心仪已久的那款衣服和包包终于敢出手了。行动了一上午，我和小英收获不少，每个人手上大大小小的购物袋都有五六个，我们很有成就感。

我和小英逛累了，找到了一家甜点店，进去休息一下。这家甜点店装修风格充满了淡淡的蓝色，让人一进门就如同沐浴在清凉的海风中。我和小英点了两份甜点，坐下来开始聊天。

"小英，我真不敢回去查银行卡，估计里面的钱又少得可怜。下半个月看来要勒紧裤腰带生活了。"我说完用小勺舀了一勺甜点，放入嘴里。

"是啊，今天这一趟购物，我半个月工资没了。钱真不禁花啊！"小英说完把甜点上的草莓舀到勺子里。

正当我们要聊怎么省钱的话题时，一位穿着时尚靓丽的女人走进了这家甜点店。她二话没说，坐在了我和小英的旁边。我仔细一看，竟然是我和小英的小学同学小巧。

"小巧，这么巧，能在这家甜点店看见你。大家很久没联系了，你最近怎么样？"我和她寒暄起来。

"是啊，大家都有五六年没见面了吧！你还能认出我，好眼力。"小巧感叹时光蹉跎。

"对啊。这是小英，上学那会她可是咱们班个子最矮的女生。长大后变成了大高个，现在比我都高了。"我向小巧介绍了一下闺密小英。

"小巧，我是小英。变这么漂亮了，都快认不出你了。来，坐到我们旁边，咱们好好聊聊天。"小英一把拉过小巧，小巧坐在了我和小英的旁边。

"你们刚才聊什么呢？好像还挺认真。我这刚坐下，就被你们发现了。"

小巧说着把包放在了旁边的一个空座位上。

"哦，刚才我们在聊省钱的事。我和小英今天逛商场购物花去了半个月的工资。小巧，你有什么省钱的妙招吗？"我问小巧。

"雅萱，我从毕业以来就是省钱过日子。关于省钱，我这还是有几招的。"小巧说着说着嗓门逐渐变大。

"那快讲讲吧，我和小英向你取取经。"我催小巧快点说。

"日常省钱具体来讲，可以从以下几个方面着手省钱：首先，随手记账。**月光族要养成随手记账的习惯。**一方面，随手记账可以对每一笔钱的来龙去脉了解得十分清晰，减少"可有可无"的消费；另一方面，**可以对消费进行规划，防止在花钱的时候血本无归。**"小巧说完这些，从手机里给我们展示了一款手机记账软件。

"我这种懒人最不喜欢记账了。你这么一介绍这款记账软件，让我又有了兴趣。小巧，关于购物，你有什么省钱的法子？"我看着这些大包小包的购物袋，我皱着眉头对小巧说道。

"雅萱，关于购物。一定要根据自己的消费能力进行购物，合理控制自己的消费欲望。将自己的工资卡网银功能开通，实时根据自己的银行卡余额调整购物行为。除非迫不得已，不要使用信用卡提前透支。"小巧说完吃了一个冰激凌球。

"小巧，你都没有办理信用卡啊？"我很惊讶地问小巧。如果每个月我没有信用卡，根本就不够花。

"为了避免提前透支工资，我强制自己不办理信用卡。如果习惯了使用信用卡，花钱怎么能打住呢？"小巧把那口冰激凌球咽下去对我说道。

"你说得也对。不对自己狠一点儿，不知道自己能有多花钱。"我对着小巧点头表示赞同。

"雅萱，平时一定要买质量好的商品，虽然比便宜货多些钱，但是使用时间长，从长远来看，还是省了钱。巧妙利用网络购物、点券等可享受一定的现金优惠。平时可以在晚上 9 点以后去超市购物，这个时候很多东西都会打折，有的商品在这个时候优惠力度可达 50%以上。例如，沃尔玛在晚 9 点以后，其所卖的寿司会免费让顾客品尝。其他大型超市，一些商品也会出现促销打折的情况。"小巧说着拿吸管喝了一口"北冰洋"汽水。

"小巧，这'北冰洋'汽水还是小时候的味道，一点也没变，但是买的人却少了。我看你打扮得这么时髦，在衣服和美容方面肯定花销不少吧！这些地方你有什么省钱的妙招？"

"关于衣饰美容。有一句话说得好：女人衣柜里永远缺一件衣服。不管是朋友聚餐还是看电影、旅游，在不同的场合，女人总是穿着不同的衣服。但是翻开女人的衣柜，就可以发现很多新买的衣服没怎么穿就压箱底了。其实，从省钱的角度出发，大可不必准备太多的衣服。每种场合准备一两套衣服就够了，并且一定要选择面料好、质量过硬的衣服。那些粗糙的地摊货对于咱们这种熟女来说可以说拜拜了。你可以多买些'黑白灰'色系的衣服，因为这些衣服百搭，在任何场合穿着都不会出现错误。"小巧说这些的时候俨然是一位职场穿衣达人。

"总是穿着'黑白灰'的衣服是不是太单调了，也显示不出年轻人的活力啊！总是给人留下一种没什么变化的感觉。"我嘴里叼着'北冰洋'汽水的吸管对小巧说道。

"雅萱，你说得对。女人还要考虑变化，才更有魅力。关于这点，可以考虑参加各种活动的时候适当地改变一下发型或者佩戴一些精致的小饰品，同样能起到与众不同的效果。关于美容健身，特别要讲的是关于头发的打理。很多女性隔三岔五地就去做个头发，洗剪吹也就算了，竟然还烫染，殊不知这样不仅会让头发更加脆弱，而且还增加了不必要的开支。专业理发师并不建议女性朋友经常烫染头发，这样会对头发造成很大的伤害。"小巧说完咕噜咕噜又喝了一些'北冰洋'汽水。

"小英，你有健身卡吗？"小巧见一直跟我在聊，为了不冷落小英，她问了小英一个问题。

"很久之前我办了张'游泳卡'，到现在还没用过几次，好像快过期了。"小英回答道。

"小英，如果健身卡一周不用一次，那么就果断地送人或者转让吧！因为这样并不能达到持有健身卡的健身目的。"小巧对小英调皮地眨了下右眼说道。

"对，我早点把我那张'游泳卡'转让就好了。小巧，每个月的通信费你是怎样节省的？"小英对省钱这件事情毫无忌讳地问小巧。

"小英，关于通信费，每月要及时关注联通、移动客服发的费用提醒，减少不必要的绑定消费。多应用社交软件，节省费用。例如，能用微信的尽量不用短信，不仅便捷，还省钱。对于流量需求量大的用户，可以考虑购买流量套餐。"小巧一直在说，口角有些干，我让服务员又给小巧上了一瓶'北冰洋'汽水。

"小巧，你现在结婚了，跟老人在一起住吗？"我对小巧的个人隐私问题捎带着问了一下，但是完全不带有任何窥探他人隐私的目的，而出发点在于如何居住省钱。

"对，我现在和家里的老人住在一起。关于居住，像我们这样的年轻女性朋友不妨和老人一起居住，因为老人都很勤俭持家。长辈一般都是从艰苦岁月中熬出来的一代人，他们对于生活的理解不同于我们这些新生代的小青年。老人们会适时地提醒我们哪些钱该花，哪些钱不该花。让我们节约有度。因为和老人一起居住，让我们找到了拒绝外出应酬的借口，另外，也节省了花销。"小巧对'北冰洋'汽水情有独钟，说完又开始大口大口地喝了起来。

"雅萱，小英，水滴石穿，聚沙成塔，点滴的积累定会铸成财富自由、生活质量提升的大厦。不要忽视生活中可以省钱的细节，最终它会给你个大大的惊喜！来！我们用'北冰洋'代替酒，碰个杯吧！"小巧说完这些发起了碰杯的建议。

"来！喝个痛快！"我们三个几乎异口同声地说道。北冰洋厚重的玻璃瓶子砰砰的声音在耳边响起。

旅游省钱需规划

每颗年轻的心，无时无刻都出于"不是心灵在路上，就是身体在路上"的蠢蠢欲动中。有人说，旅游是从自己待腻味的地方换到另一个别人待腻味的地方去看看。但无疑，旅游能够开阔人们的眼界，增长人们的见识。在自己经济和时间允许的条件下，'世界那么大，尽管去看看'。作为一名普通白领，旅游也是要规划的，好的规划和无规划之间在花销上肯定会有很大差别。

最近我和闺密小英打算在发了年终奖后马上出去玩一趟，具体去哪里玩，怎么做攻略，怎么旅游才能更省钱方面完全像白痴一样。于是，我和小英决定向我们共同的朋友小巧咨询，正好小巧在旅行社工作了 10 多年，有相当丰富的旅游出行省钱经验。在一个周末的下午，我们 3 个人选择在了"漫咖啡"聊聊怎样旅游省钱的话题。

"小巧，最近不见，你又变瘦了。是不是经常到处旅游、健身，才保持这么好的身材？"我见到有几周没有见面的小巧，看着她纤瘦的身体说道。

"雅萱，你这算是说对了，最近这段时间我一直在游山玩水，想不瘦下来都不行。"小巧说话间，我向服务员点了 3 杯拿铁咖啡。

"小巧，我和雅萱今天请你出来坐一坐，想向你请教请教旅游怎样才能省钱。我和雅萱刚发了年终奖，打算一起出去玩一趟呢。"小英趁我点咖啡的功夫把这次座谈的主要用意讲了出来。

"请教算不上，毕竟我是在旅行社工作了十几年的人了。论专业程度，我肯定比你俩经验丰富。每个人都有不同的出行喜好。我在这里也就是给你们讲讲我自己的省钱经历。仁者见仁，智者见智。或许你们以后玩多了，还会有比我更好的省钱旅游攻略呢。"小巧说道。

"你太谦虚了，有你这位旅游达人传授经验，我俩旅游不知能省多少钱呢。"我接过服务员递过来的咖啡，放在小巧和小英的面前。

首先，**旅游最好错峰出行**。尽量不要选择长假去一些热门景点。一方面，旅游效果会大打折扣；另一方面，人多容易出现各种安全隐患。因此，错峰出行是不错的选择。特别是在淡季出行，不仅旅行社会有很大的优惠力度，酒店、景点甚至机票都会有相应的折扣。淡季出行，绝对是旅游的省钱之道。以四月为例，某旅行社推出的'北欧四国+峡湾 9 天'旅游价格只有 11 900 元，是七八月出行价格的一半。淡季出行，旅行社为了吸引客源，多方位打折，让利旅游者。"小巧说完喝了一口拿铁。

"规划路线有什么讲究吗？"小英插了一句。

"小英，关于路线。根据出行季节，选择好目的地之后，就要科学规划旅游路线。**规划路线要本着就近景点依次安排，少走重复路的原则**。特别是对于自由行的女性朋友来说，这点尤为重要。很多有经验的'驴友'都是规划旅游出行路线的高手。一条完美合理的旅游路线避免了来回打车绕道的额外消费，节省了你的旅游资金。"小巧对我们俩讲着，好像一位老师在教学生一样。

"小巧，那要不要报团呢？"我把我最关心的一个问题问了出来。

"雅萱，关于报团。对于远距离的旅行，报团出行较为划算。一些大型的旅行社都有自己的专机，这样会节省出行的交通费。旅行社会在食宿、导游等方面做好安排，省去了很多麻烦，并且由于人多，在景区会享有一定的优惠。"小巧不愧是做旅行的，方方面面都了解得比我和小英多。

"小巧，关于出行，你是怎么看的？"小英提出了第二个问题。

"小英，关于交通工具。如果时间比较充裕，建议能坐火车就坐火车，现在火车提速之后，行程时间大大缩短，对于并不是很着急的游客，可以用火车代替飞机。一些朝发夕至的列车能很好地满足了旅行者出行的要求。例如，北京到西安的火车就属于朝发夕至，在列车上美美地睡上一觉之后，第二天早上到达古城西安。养足了精神就可以开始自由行了。在市内可以多选择乘坐公交汽车，既环保又省钱，一路还可以看风景。如果乘坐飞机，对于出境游的旅行者而言，中途中转可以节省一笔不小的开支。"小巧说完这里在暖暖的午后阳光中伸了个懒腰。

"现在旅游吃饭也挺贵的，关于旅行中的吃饭问题，有什么省钱的妙招吗？"我说完这一句，拿勺子在我的那杯拿铁中搅拌了一下。

　　"雅萱，关于吃饭。吃饭之前一定要问清楚价格，避免模糊不清，出现'天价鱼''天价虾'类似的事情。多讲价，避免挨宰。同时，不要穿着太新的衣服，尽量看上去像本地人。看见一件实惠的东西后不要说出'这东西真便宜'之类的话，不然，后面挨宰的肯定是你。"小巧说完喝了一口咖啡后，又吃了一小块西瓜。

　　"住宿和购物怎样划算呢？"小英说完也用牙签挑起了一个草莓吃。

　　"小英，关于购物和住宿。不要在中介或者导游带领下购买东西，因为这些东西往往会给中介或者导游一定的回扣，价钱会比平常的高。如果是自由行，在选择住宿方面不要选择离火车站或者市中心较近的酒店，同样档次的酒店在非市中心价格会低很多。只要选择交通便利，非繁华地段的品牌酒店完全能够满足出行的住宿要求。"小巧说完喝了口热咖啡。

　　"雅萱，小英，旅游是一件很美好的事情，如果出行前合理规划，省下来的钱还能够去玩更多的地方，何乐而不为。"小巧低着头喝咖啡，眼睛并没有离开咖啡杯，声音很轻地对我和小英说道。

　　"是啊，今天多谢小巧能为我和小英指点迷津。来，咱们喝完一起去唱歌，好不好？"我发起了唱歌的建议。小巧和小英连声说好。

物价虽高，省钱有道

　　周末和闺密小英去超市购物，大跌眼镜，排骨的价钱从一周前的二十几元上涨到三十几元一斤。以前 100 元还能买几块像样的排骨，这一涨价，根本买不了几块。我和小英逛完商场后到她家一起探讨"在高物价的环境下该如何省钱"。

　　"小英，我发现这个月减少了下馆子的次数，省了不少钱。因此，我总结出省钱妙招之一：减少下馆子的次数。**要省钱，一定不要经常下馆子，并且要减少不必要的应酬。**不仅能避免现代人的'三高'症，还能增加与家人在一起的时间。北方人比较喜欢吃饺子，其实，饺子不仅好吃，还省钱，因为包饺子不用炒菜。隔三岔五换换不同馅的饺子，不仅可以换换口味，还能省钱。如果平时水果的食用量较大，不妨三五个人约在一起去批发市场批发水果，批发市场走量，如果几个人合买，价格往往能比市面低1/3。"我说完顺手拿了一把瓜子嗑了起来。

"是呢，减少下馆子的次数，确实能省钱。我觉得买衣服也能省钱呢。关于穿衣，只买对的，不买贵的，偏向于传统服饰，尽量少选择新潮服饰，如果不是职业的要求，大可不必每季都跟着潮流走。即使是传统的衣服，也有传统衣服的美。这里说的传统是指大众化的衣服，不是前卫型的衣服。买衣服要追求质量而非数量，买一堆地摊货，相信你穿不了多长时间就会迫不及待地去买另一堆地摊货。少而精致，勤洗衣服是关键。"小英说完这些，没有嗑瓜子，而是拿起了一个草莓，直接扔到了嘴里。

"再说说玩吧，其实，如何玩也直接关系到花销的大小。会玩的人不仅能玩好，而且还能省钱。现在什么东西都涨价，似乎成为常态。如电影票、茶馆、保龄球等的价格随着物价的上涨而上扬。因此，想省钱，就该换换经常的娱乐方式。一周去一次电影院改为一个月去一次。用散步、爬山、逛公园等既环保又健身并且还省钱的方式替代这些偏高花销的娱乐方式。"我看着小英吃着草莓，我也馋了，顺手拿了一颗草莓塞进了嘴里。这草莓太小，一口一个都不够吃。

"雅萱，最近我同事结婚。她告诉我一些关于结婚如何省钱的妙招。人一辈子遇到的一笔大花销，其中结婚算是之一。在婚庆市场上，也与旅游市场相似，有淡季和旺季之分。通常情况下，五一、十一、元旦等都是结婚的高峰期。如果想结婚的小夫妻可以选择在淡季。例如，每年的七八月或者一二月举行婚礼，由于婚庆公司在淡季都会出现一定的打折力度，婚庆的花销就可以节省一些。或者旅行结婚的方式也很适合想省钱的小两口。你说对不，雅萱？"小英说到这时，眉飞色舞的，好像她马上要结婚了似的。

"哎哟，你还说这些，赶紧把自己嫁出去才是关键。你的份子钱我现在就开始攒。"我对小英说道。

"这个话题免谈，现在电价、水价都在涨。因此，**将家里的耗电家电换掉很有必要**。家电省电的比耗电的会节省一笔不少费用。将灯泡换成节能灯，既能增加亮度又能省钱。"小英听见我含蓄地在催婚，她就把话题转向了购置省钱家电上。

"雅萱，三个臭皮匠，顶个诸葛亮。现在，咱们是'两个臭皮匠，顶个诸葛亮'。咱俩这么一聊，就碰撞出省钱的智慧火花，看来，以后咱俩要多碰撞！"小英对我调皮地说道。

"对啊，省得脑子都长锈了。多省钱！"我对着小英应声道。

团购的省钱之路

周末和闺密小英到商场闲逛，进入一家美甲店。小英非要嚷着做个指甲，可是一看价目表，我惊呆了！很多合适的款，价格都在百元以上！我和闺密望而却步。此时，小英打开手机，在团购网站上团了两份美甲套餐，总共才需要 60 多元！省了不少钱。

"小英，你是不是总喜欢团购啊？"我对着刚做完指甲的小英说道。

"对呀，对呀。除了这次团购美甲套餐的经历之外，我平时在北京周边采摘草莓也是团购。团购的草莓采摘比去现场要便宜一二十元。团购的樱桃采摘优惠更多。不知不觉我逐渐迷失在团购的乐趣中。**生活中的娱乐我也尽量能团购就团购，因为确实省钱**。周末和小伙伴们去唱歌，从团购网站上团一张券，一下午才 50 元。唱完歌之后的聚餐也是团购的，比平常能省几十元！冬天的时候去泡个温泉、滑个雪都可以团购！各种景点的门票也能团。"小英说到这里有些小兴奋。

"原来你是团购达人啊！"我对小英的大大小小的团购行为感到吃惊。

"雅萱，本着能省就省的原则。我平时在公司吃外卖也开始在网上团，一般都注重选择品牌的外卖。有时候，外出旅行，酒店和机票都能团购，并且有时候机票的价钱便宜得会出乎你的意料。酒店也有很多参与团购的，不仅能优惠，还能送积分，抵消消费。"小英又对她疯狂的团购行为进行补充。

"小英，你在团购的时候就没出现过岔子吗？"我对团购达人小英说道。

"雅萱，虽然团购推出了很多低价位、吸引力强的团购券。但是，我曾经在团购的时候也有过不愉快的经历。特别是在美容美发的团购方面。我在团购网站上团购了一个美发套餐，价格为 200 多元，但是到店里，没想到店长不断地给我加价，理由不外乎是您团购券用的药水不好，适当加一点价，选择好一点的药水不伤发等。最后，你只有乖乖地将钱包里的钱送给店主。"小英说到这里叹了口气。

"小英，我也是有过类似的经历才问你的。我是一朝被蛇咬，十年怕井绳。不仅美发店在团购网上存在隐形消费，美容店也多会对团购券设置门槛。有次也是一时冲动，团购了一张美容券。结果每次预约几乎都约不上，而且每次快到周末的时候要排上一个月。这种团购经历或许是目前对团购行业约束太少造成的。"我对这些不守本分的团购商店感到很生气。

"雅萱，你大可不必因为一次不愉快的团购经历就全盘否定了团购。**团购尽量选择那些口碑好的团购网站，并且在团购的时候要多看看团购店下面的点评。**从这些点评中可以了解到一些团购店的信息，特别是那些差评的。如果去过一两家不错的团购店，也可以向周围的朋友推荐，或者从周围朋友那里打听一下哪家合适。只有这样，你才能避免掉入团购的陷阱中。"小英以过来人的身份劝我不要放弃团购这一既省钱又带来满足感的消费行为。

超市购物省钱大比拼

虽然每天超市里都人来人往，每个人都在忙碌的采购中，但并不是每个人都懂得超市购物应该如果省钱。

每天都看见邻居张大妈从超市购买很多日用品。像我这种平时花钱大手大脚惯了的，从没想过超市购物如何省钱这个问题。张大妈是家里的采购高手，会过日子。在一次出门时，正好碰见了邻居张大妈，就向她请教起如何在超市购物中省钱的问题。

"张大妈，您这又是准备去超市购物了？"我很自然地跟张大妈打开了话匣子。

"雅萱，我准备去超市买一些蔬菜，你也去吗？一起吧。"张大妈很热情地跟我说。

"是啊，我也准备去超市采购一番。"我礼貌地回了张大妈的话。

"那好，咱们一起去吧！"张大妈习惯了用大嗓门说话。

"好啊，张大妈，我看您总是去超市购物，不知道这超市购物有什么省钱的法子吗？"我对着张大妈说道。

"雅萱，你这算是问对人了。关于超市购物省钱方法，像我们这样的'中国大妈'最有发言权了。"张大妈说到这，我和她都乐了起来。

"雅萱，新开张的超市不妨去捧个场。**这些新开张的超市会推出力度很大的折扣优惠活动。**这个时候去超市采购，往往能比平时省下不少钱。此时，你可以去新开张的超市去考察一下市场行情，对比一下各个超市的价格。其实，并不是一家超市所有的东西都比其他家的便宜，往往各自有各自的优势产品！这或许与超市和供货商的关系有关，也与租金、人工费有关。总之，多逛逛超市，你总会有惊喜！"天气十分炎热，张大妈说完这些话，额头上冒起了汗，旁边树上的知了一直叫个不停，更加显得燥热。

"雅萱，不要等着自己所有东西都用完了，才去超市购买。因为，这个时候你为了应急，通常会丧失对价格的选择权。平时经常用的东西，可以适当地囤一些。例如，抽纸、香皂等。很多日化产品都会定期地做活动打折。你可以稍微多买一点。能省多少是多少！此外，天猫超市的'天天特价'活动，每天浏览一下，或许能有一些快用完的日货可以购买。"张大妈说到这里，从裤兜里掏出了一块手帕擦了擦汗。

"张大妈，我每次都是等到东西都用光了，才去超市买。你这么一说，看来以后我得提前储备，避免应急而多花冤枉钱了。"我对张大妈说道。

"对，雅萱，还有关于在超市购买日化商品。例如，洗发水、沐浴露、洗衣液等，尽量购买家庭装。**购买家庭装的优点在于比购买散装省钱！**并且不用总是去超市买！节省了很多购物时间。"我和张大妈路过了一家水果店，从水果店里吹出来的空调冷气让人瞬间感觉很凉爽。

"雅萱，尽量早上去超市买菜。很多超市推出了早市的业务，往往在早上 8 点一开张，就会有很多特价菜推出，不仅菜叶新鲜，价格还比平时低很多，如果上班时间不是很赶，可以早去一些，在超市早开张的时候购买一些能省钱。在超市买菜最好买当季的菜，相比反季蔬菜，当季蔬菜不仅价格低而且营养价值还高！目前，鸡鸭鱼肉价格比猪肉便宜，可以用鸡鸭鱼肉代替一些猪肉。鸡鸭鱼的肉用来炒蔬菜，骨架子用来炖汤，一举两得。当然，这点对于我们这样的大妈来说很容易做到，但是像你们这样的上班族可以选择在单位附近的超市购买。"张大妈说着这些，'×××超市'的大门已经在眼前了。

"雅萱，这些超市购物的小举措，或许费不了多大的劲儿。长期坚持省钱的购物习惯，能节省出一些零花钱来！"张大妈说着这些，我帮张大妈把超市的门帘拨拢到一边，一起走进了超市，开始了愉快的超市购物之行。

这样买机票最省钱

等待多时的年终奖终于发了。我和闺密小英的'新马泰'之行终于可以实现了。发了年终奖的第二天，我和闺密小英就开始探讨购买机票的事情。

"小英，咱们的'新马泰'之行，第一件事就是买机票了。该怎么买既合适又省钱呢？"我在电话里对闺密小英说道。

"雅萱，别小看一张小小的机票，在选购时即使是相邻的座位有时也会出现不同的价格。这里面就有一些买机票的技巧了。不知道的话，可能要花一些冤枉钱。对了，小巧不是在旅行社工作吗，她对如何买机票省钱肯定能说出好多方法。咱俩改天约她出来吃顿饭，向她取取经。"电话那头的小英灵机一动想起了小巧这个朋友。

"好呀，那就这周六吧，周六下午你有时间吗？"我对这段时间一直很忙的小英问道。

"周六不行，我约了理财经理，需要向他咨询点关于理财的事情。要不周日吧，你打电话问问小巧周日中午是否有时间。我周日一天都没事，可以赴约哦。"小英那边话语间带着一丝歉意。

"好，你等我消息，我微信联系一下小巧。"我说完这些便挂了电话，给小巧发了一条微信。"小巧，你周日中午有时间吗？我和小英在'东方饭店'请你吃饭，有要事相求。"小巧那边反应很快，回了过来"好的，好久不见，准时赴约没问题。"我又快速地向小巧回了一个 OK 的手势。在约好小巧后，我又用微信通知了小英，小巧也答应赴约。

在周日中午 11:00，我和小英就提前到达了'东方饭店'。这家饭店是我和闺密小英经常光顾的地方，不仅就餐环境优雅，柔美的钢琴声十分悦耳，并且服务员态度也非常好，关键是菜谱的价格非常亲民。我和小英简单聊了一下，到了 11：50 小巧出现了。

"你们两个怎么来得这么早，虽然没到 12:00，但是让我这个后来者都感觉像是迟到了一样。"小巧似乎有些对我和小英的提前到达有些惊讶。

"小巧，我和小英提前做好准备来迎接你啊。我们把菜都点上了，知道你喜欢吃辣，我们点的菜里面每样都带辣椒呢。"我对小巧说道。

"是吗？那太感谢了！今儿个怎么想起请我吃饭了？有什么事情需要我帮忙吗？"小巧开门见山地对我和小英说。

"其实也没什么事，我和小英刚发了年终奖，计划去一趟'新马泰'，但是不知道怎么买机票划算，这不把你这位专家给请来了吗？"我对着小巧边说边给她倒了一杯清凉的西瓜汁。

"原来是这个事情，我以为是什么重要的事情呢。大中午的，顶着烈日我马不停蹄地赶过来，没有功劳也有苦劳啊。"小巧对着我和小英轻声地说道。

"哈哈，那是那是。"我笑着对小巧说道。

"开玩笑的，你也当真。"小巧有些调皮地说道，说完喝了一口西瓜汁。

"那言归正传吧，'专家'，到底怎么买机票才便宜呢？"我直截了当地进入主题。

"雅萱，**买机票要尽量提前预订，并且提前的越早优惠力度越大**。例如，提前 45 天和提前 15 天购买的机票价格就会明显不同。坐飞机，往往临近起飞点，机票价格越高！对于除夕这样的传统节日，如果不想被迫买高价票，应该提前 60 天以上购买，才有可能出现一些折扣，否则临近除夕购买机票不是没票了，就是只剩下头等舱了。这西瓜汁味道很好！"小巧对我点的西瓜汁很满意。

"那必须的，天气热就应该多喝点西瓜汁，消消暑！"看着小巧的杯子里一大半都下去了，我又往她的杯子里倒了一些西瓜汁。

"喝着西瓜汁讲怎样买机票，一个字'爽'。刚才说的是第一点，第二点就是**合理转机，能省下不少钱**。许多航空公司的航线直达会比转机贵许多。因此，如果是跨洋航线，建议选择转机，确实便宜许多。"小巧正说着，我和小英点的凉拌苦菊上来了。绿油油的苦菊，让人垂涎欲滴。

"小巧，来吃点苦菊，泻泻火。"我边说边往小巧的菜碟子里夹过去几片苦菊。

"谢谢。第三点，一并购买返程票。许多航空公司购买往返机票比分次购买要便宜许多。因此，别再傻傻地只购买单程飞机票了，顺手把回来的机票一起买了，也能省下一些开销。"小巧说完这些，用筷子夹了一叶苦菊放到嘴里。

"味道不错，正是我要的那种淡淡的苦味。"小巧夸赞我和小英点的这道'凉拌苦菊'。

"这也是我和小英夏天必点菜之一。"我说着也给小英的碟子里夹了一些苦菊。

"我继续说，第四点，选择避开大城市的飞机场起飞比仅从热门城市机场起飞便宜。例如，同是去三亚，如果是从天津起飞价格就比在北京起飞的价格低。如果是在上海，可以选择去附近的南京机场起飞。避免扎堆也能节省一部分钱。目前，国内石家庄推出的直接连接北京的航班，优惠力度很大，可以试试。"小巧说到这儿，一份'蓝莓山药'上了餐桌。

"这也是我和小英爱吃的夏季菜肴之一，我们赶紧吃吧！"我看着山药上面点缀着的丝丝蓝莓酱说道。

"好的，谢谢，第五点，出行尽量避开出行高峰时段。因为许多公司都是在周一早上飞，周四下午回来。许多机场在周一上午和周四下午会异常繁忙，因此，如果选择这一时段的飞机，机票价格当然不会便宜很多。此外，避开旺季，淡季选择热门景点路线飞也能省钱。航空市场的旺季是每年的 1～2 月份，7～8 月份，淡季是每年的 12 月。其他月份优惠并不明显。"小巧说到这儿夹了一个'蓝莓山药'到自己的碟子里。

"小巧，你觉得办会员卡合适吗？我和小英一年就这么一次'新马泰'。"我在夹'蓝莓山药'之前喝了一口凉爽的西瓜汁。

"小巧，我正要跟你说办会员卡的事。第六点，对于频繁乘坐飞机出差的人士，应当选择办理一张会员卡。不同的航空公司会根据你的飞行历程实行一定的折扣优惠。不同的航空公司即使是同一条线路，价格也是不一样的，这些取决于机场的规模大小、航空公司的实力及机型的不同。同样是北京的机场，从南苑机场起飞的飞机比首都机场相对便宜一些，春秋航空公司的机票比南方航空公司的机票便宜一些，普通飞机比波音飞机便宜一些。像你和小英的这种情况，可办可不办，想办就办喽。"一盘'蓝莓山药'被我们三个吃了个精光，还好一盆'水煮牛蛙'很快就上来了。

"这牛蛙也是这儿的特色菜，小巧，你先尝尝。"我把转桌转到了小巧的面前，示意让她先夹一块尝尝味道。

"好的，谢谢。第七点，团购飞机票。一些团购网站推出的特价机票有时能够节省好几百元。出行时关注团购网站是一条省钱之道。这牛蛙味道很鲜，不愧是这儿的老常客，今天过来没白走一趟。跟着你们混，有口福了。"小巧对'水煮牛蛙'这道菜赞不绝口。

"好吃就多吃点。"我又往小巧的碟子里多夹了几块牛蛙肉。

"够了，够了，谢谢。第八点，注意购买机票时机。一天中，机票往往会有三次变化，每天早上购买机票是最划算的，因为航空公司为了调整弥补缺席会推出一定的特价机票，可以在早上购买。如果没有合适的，每隔一定的小时。例如，7个小时就关注一下，看看有没有合适的机票。周六早晨和下午会有一个机票降价的小高峰，不要错过。"小巧说到这里，小英点的'巫山烤鱼'也上来了。烤鱼的浓浓香味，让人马上有了动筷子的冲动。

"小巧，这家饭店的'巫山烤鱼'可是远近闻名的，赶紧趁热多吃一些吧！"小英对自己点的这道菜热情推荐。

"好，我在你俩面前就不客气了。该吃就吃。言归正传，第九点，加入旅行团。现在很多大型的旅行社都有自己的专机。如果报团旅游，乘坐专机，费用能够节省不少。因此，选择报团出行也是省钱的妙招。这烤鱼味道真的很正宗！点赞！"小巧对小英竖起了大拇指。

"喜欢吃就好。我们三个今天一定要把这条鱼给消灭掉！"小英对着大口吃鱼的我和小巧说道。

"那肯定的！雅萱，小英，只要平时在购买机票时做个有心人，就可以既省钱又能得到飞行的享受，何乐而不为。"小巧说道。

看看电影吃吃饭也能省钱

周末和闺密去看看电影，一到电影院，票价要100多元。

我惊讶地向小英说道："咱们这是多久没看电影了啊，票价都比上次上涨了几十元。"我仰望着电影票价显示牌，表示很无奈。

"是啊，这几个月没看电影，票价涨得太快了。雅萱，不如现在咱们就团购吧！"小英说着拿出手机。在看电影方面她比我懂行。

"雅萱，咱们今天突然来看电影，兴奋地把之前的电影票能团购的事情都忘了。今天这个电影应该可以提前团购。很多热门的电影都有团购，不仅票价有时能打五折，而且能够提前预订到比较好的位置。而仓促地临时购买电影票，不仅票价高不说，剩下的不是第一排座位就是第二排座位，使得看电影的效果大打折扣。"小英边说边操作手机，一会儿工夫两张团购的电影票就搞定了。

"这个小姑娘说得对，**很多电影院对于特定的节日，例如'女生节''圣诞节'等都会推出很大的打折力度。**或者每周二有的电影院全部团购半价。团购电影票有时能够以很低的价格享受到很好的观影环境。目前，团购电影票有很多团购网站可以选择，不同的团购平台提供的打折优惠也不一样。优惠很多，你可以试试，总有一款让你满意。"旁边的一个陌生女孩对我和小英说道。或许是听我和小英的对话，才好心地对我们说这些。

"小姑娘，一会儿我和闺密看完电影要聚餐。关于聚餐你有什么好建议呢？"我问这位带给我们很多惊喜的小姑娘。

"聚餐当然要团购了！团购餐券要选择信得过的网站。**尽量选择一些正规的连锁餐厅推出的团购餐。**不仅能够享受价格折扣，而且吃起来也安全放心。有些团购餐券如果长期购买，还会免费赠送一餐，就看你会不会选择团购的网站和店铺了。我得进去了，电影快开始了。"姑娘说完朝我和小英挥了挥手，走进了电影放映厅。

"小英，这小姑娘可比我俩会看电影多了！"我对着小姑娘的背影对小英说道。

"对，这小姑娘的核心观点就是让娱乐成为享受，团购电影票和餐券来助力！我们的电影也快开始了，一起进去吧！"小英和我边走边说。

自带午餐，好吃又省钱

对于工作在 CBD 的白领来说，每顿午餐花去几十元是平常事。如果公司有条件的话，例如，有厨房或者有微波炉，**可以考虑自己做午餐或者自带午餐，这样不仅好吃、卫生还省钱**。如果公司没有微波炉之类的，也可以自己购买一个保温饭盒，盛上可口的饭菜，带到公司当作午餐。

我和往常一样，带着昨天做好的午餐，在公司厨房用微波炉稍微热了一下。这时，我发现同事小张在我后面排队等着热饭。

"小张，你怎么也带饭，不和同事们出去吃啊？"我对平时穿着很讲究的小张说。在我的印象里，小张平时穿得都是名牌，不像是这么节省的人。

"雅萱，你这就不对了，我为什么不能自己带饭呢？"小张对我十分温和地说道。

"小张，我只是觉得你不像是带饭的人，别多想。一会你热好饭，我们一起吃午餐吧！"我把饭盒从微波炉中拿出来，转身对小张说道，说完我先走向了公司的用餐间。

"雅萱，是什么原因让你也不出去吃，自己带饭呢？"小张把热好的饭盒放在桌子旁边。

"小张，你不知道，自从付了房贷之后，我在公司每天就自备午餐。"我对小张解释道。

"哦，原来是为了缓解房贷压力。"小张说着，把他的饭盒一掀，菜香扑鼻而来。

"小张，长此以往，我发现我在伙食费一项上的花销一个月少了几百元。而且，我的厨艺不知不觉地提高了！"我越说声音越大，对面的小张看上去有些受到了惊吓。

"雅萱，这对于很少做饭的 80 后来说多么难得！以后再也不用担心在别人面前谈论吃饭的话题时无话可说了！"小张这样滑稽地回复道。

"是啊，从周一到周五我每天换着花样吃，从烙饼、面条、馒头到盖浇饭、沙拉和瓦罐煲汤，应有尽有！每天吃饭的时候再也不用担心地沟油了，一个月后我发现自己竟然胖了三斤。伙食好了，还省钱了。"我对着对面开始拿筷子夹菜的小张说道。

"哈哈，自己带饭好处多多！"小张的笑声让用餐间不再显得那么安静。

"小张，在这里我推荐一款比较适合城市小青年的午餐自带饭——煲仔饭，只需你有一个电饭锅就可以完全搞定，不仅简便，而且味道非常可口！带到公司来，也会馋得别人直流口水！"我以厨娘自居的口气对小张说道。

"还是你会吃！"小张看着我做的饭菜，咽了口口水。

"小张，你尝一块我自己做的'可乐鸡翅'！这个味道绝对在饭店里尝不到！"我说完给小张夹了一块。

"味道真的不错，有一股可乐的甜味！"小张对我做的'可乐鸡翅'给出了好评。

午餐就在这样愉快的厨艺交流中度过了。

⊙小结

1. 女性在日常生活中要养成随手记账的习惯，要对消费进行规划，防止在花钱的时候血本无归。

2. 旅游最好错峰出行。规划路线要本着就近景点依次安排，少走重复路的原则。

3. 高物价下不要经常下馆子，并且要减少不必要的应酬。将家里的耗电家电统统换掉很有必要。

4. 生活中的娱乐能团购就团购，尽量选择那些口碑好的团购网站，并且在团购的时候要多看看团购店下面的点评。

5. 新开张的超市会推出力度很大的折扣优惠活动。在超市购买家庭装的优点在于比购买散装更省钱！

6. 买机票要尽量提前预订，并且提前的时间越早优惠力度越大。此外，合理转机，也能省下不少钱。

7. 在特定的节日，团购电影票会有很大的打折力度，团购餐券尽量选择一些正规的连锁餐厅推出的团购餐。

8. 自带午餐不仅好吃还省钱，煲仔饭是一款比较适合城市小青年自带的午餐。

财女变身记之五
——网络时代下的理财之路

互联网理财之路

余额宝等"宝宝"类理财产品刚兴起的两年里，银行存款以燎原之势转向互联网理财。许多人也逐渐尝到了"宝宝"类理财产品的甜头。但最近一段时间里，由于银行的介入，收益不如以前理想。或许，对于"宝宝"类理财产品你还了解的不够。

看到身边许多同事都开始纷纷将手中的钱从银行转到余额宝里。我也开始"蠢蠢欲动"。每当我有某种理财冲动的时候，第一个想到的就是闺密小英。于是，我拨通了小英的手机。

"喂，亲，最近你在忙什么呢？怎么也不见你约我出来玩啊？"我对电话那头的小英说道。

"还能忙什么啊，加班啊，最近季度末个人所得税汇算清缴，忙晕了。你呢？是不是又有什么理财的冲动了？"小英对于我好久不打电话突然打电话的目的每次都猜的八九不离十。

"猜对了！我最近中午在公司吃饭的时候，总是听见同事在谈论把钱转到余额宝里的理财方式。小英，你说我也把银行的钱转到余额宝里行不行呢？"我急切地想从小英那里知道结果。

"这个余额宝我用的不是很多。但是我有一个朋友，他正好在基金公司上班，对于余额宝这类的'宝宝'产品肯定比我和你更加熟悉，不如这样，我把他约出来，好好给你讲讲。"小英那边说边敲着键盘，看来工作特别多。

"好啊，那就约在这周六下午吧，老地方，东方饭店。"我对忙碌的小英说道。

"好，我和他那边说一声，他一般周六下午都没事。周六下午东方饭店见！"小英十分快速地对我说道，仿佛手里的工作即使加班也做不完的样子。

"好"我说完就果断地挂了电话，生怕影响小英工作。

心里期盼马上到周六，仿佛时间也懂得我的小心思，过得很快。天公作美，周六是个晴天。我和小英很早就到了东方饭店，这是我们的老习惯，约见外人，我们一般提前半小时就到。

"雅萱，今天要给你介绍的是我的一个朋友，你叫他大鹏就可以了。大鹏是金融圈的人，他对于理财的了解远远多于我们。介绍理财类产品对他来说都是皮毛。"小英喝了一口我们提前点的柠檬汁。

"是啊，很期待看见你说的这位金融圈'大神'。"闻着柠檬汁特有的清新气味，我也忍不住喝了一口柠檬汁提提神。

这位金融圈大神——大鹏很准时，我们约在了下午 5 点见面，他 4 点 55 分准时出现在了东方饭店。不愧是混金融圈的人，时间观念很强。

我、小英在和大鹏互相寒暄介绍之后，直入主题。

"大鹏，你给我和小英简单地介绍一下'余额宝'吧！"

"好的，雅萱，首先，让我们一起来认识了解'宝宝'类互联网理财产品的性质。像余额宝、现金宝等各种'宝宝'实际上是货币基金产品。货币型基金主要投向的是股票债券等方向。货币基金的投资收益达不到 7%，有时候 6%就算高的，一些货币基金的高收益只是短期的。因此，货币基金更多地被用来取代银行活期存款，而非一款高收益的理财产品。目前，宝宝类互联网理财产品已经基本取代了银行短期存款是一个好兆头。"文质彬彬的大鹏说起话来一点也不拖泥带水。

"大鹏，听说'余额宝'的后台是'天弘增利宝货币基金'，是这样的吗？"小英对坐在他对面一动不动显得有些腼腆的大鹏说道。

"小英，你说对了。最近很多人把钱存在余额宝里，但是似乎并没有在短期内猛然出现高利息的现象。这是由于这款货币型基金的管理团队将追求安全稳定性作为首要追求目标，而非高收益，其实这也是货币型基金的本质特点。虽然，在短期内货币基金团队可以做出很高的收益，但这不符合货币型基金的稳健性原则。"大鹏说了这么多话，口干舌燥，喝了一大口柠檬汁。

"大鹏，很多人直接把银行的钱全部转到了'宝宝'里，这种做法可不可取呢？"我对着由于天气太热，额头冒汗的大鹏说道。

"雅萱，很多人把钱转入'宝宝'后，发现这些钱与存在银行的利息只差百八十元。其实，这个再正常不过了，**因为'宝宝'类理财产品的流动性仅次于活期存款，极强的流动性注定了这款产品不会产生太大的收益。因此，建议女性朋友不要把钱全部都存在余额宝里，可以适当考虑其他投资方式，例如，购买股票债券等，这些理财产品的收益要高于余额宝。**"这时服务员上了一道凉菜，大鹏用筷子夹了一些放在他面前的碟子里。

"大鹏，什么情况将钱存在'余额宝'里划算呢？"我静静地坐在座位上，对眼下上的这道菜并不感冒，心里嘀咕着我点的那道'糖拌西红柿'怎么还不上来。

"雅萱，如果你是网购发烧友，那将钱存入余额宝还是很合适的，余额宝与支付宝的绑定大大方便了日常购物消费的需求。因此，在消费支出方面余额宝具有优势。除此之外，余额宝的提现周期一般人都能够接受，不是很长，一般 3 天左右时间到账，容易转换。你最终还要明白，钱存在银行的定期和把钱存余额宝中，其实差别不大。"大鹏似乎对这道凉菜情有独钟，这道凉菜多半被他吃了。

"原来一个小小的'余额宝'还有这么多我们不知道的理财知识。菜上来了，大鹏，咱们慢慢吃。"小英对着大鹏说道，上的这盘'干煸豆角'据说是大鹏的最爱。

三个人边聊边吃，气氛十分活跃。

"大鹏，关于'人人贷'和'拍拍贷'这类互联网理财平台，你能简单地介绍一下吗？"我说完这些，喝了口淡淡的菊花茶。

"客气了，我本人也很愿意解答一些关于理财的咨询。平时周末也有很多人咨询我，但都是要收费的。你是小英的朋友，自己人，就不用了。"大鹏右手拿着这杯菊花茶，还没来得及喝，先简单说了几句。

"是啊，大鹏，你们这行做咨询也收入不少吧？"我对金融圈里的人的神秘感有些好奇。

"不多，不多，比不上金融圈里的那些知名专家。雅萱，咱们进入正题，谈谈'人人贷'和'拍拍贷'这类理财平台。这些都是最近几年兴起的网络理财平台。'拍拍贷'成立时间较早，于 2007 年成立，是国内最早致力于提供个人与个人之间贷款的网络平台。'人人贷'成立于 2010 年。二者理财模式区别不大，都是建立在个人信用最大化的基础之上。"大鹏说。

"听说'人人贷'和'拍拍贷'的优势在于投资方便，是这样吗？大鹏。"我说完抓了一把先上来的果仁拼盘里的开心果，拿手开始剥起来。

"对，'人人贷'与'拍拍贷'这类理财平台为民间需要资金的借款人和拥有资金的借贷人服务。不仅借款人可以在这里无需受到银行贷款那样手续复杂的审核就可以借到款，而且贷款人也可以获得比银行利息更高的收益。作为银行借款体系的补充，打破了民间借款多数以血缘、地缘为依据的借款模式，人与人之间只需基本的信任，就可以方便贷到款。目前市场上小微企业和急需资金的个人需求相对旺盛。"我见大鹏没有吃果仁，便抓了两把放在了他的面前。

"那投资收益怎么样？"我说着吃了一个开心果。

"雅萱，以'拍拍贷'为例，'拍拍贷'的各种交易在网上都是公开透明的，个人通过'拍拍贷'借给他人的钱将会获得相对'宝宝'类理财产品更高的收益。以在'拍拍贷'上的个人消费贷款为例，一年 3 000 元的借款，会有 12%左右的年利率，十分诱人。而借款人每月还利息 30 元，并不会对生活构成什么压力。此外，'拍拍贷'、'人人贷'都可以做个人装修资金周转和日常生活消费的借贷。如果手中有闲置的资金投入此类投资平台是个不错的选择。"大鹏边说边剥开心果，"每次我吃开心果的时候，心情也会莫名其妙地变开心"。

"我以为你不喜欢吃坚果，就没有多点，既然这样你就多吃点儿。大鹏，这些平台有什么不一样呢？"我说着把盘子里剩下的开心果全部放到了大鹏的碟子里。

"谢谢，雅萱，够了。对于平台之间的小差异，主要有以下几个方面：第一，成交额和成交笔数。原因在于对借款人审核的要求严格程度不同。"开心果被剥开的声音十分清脆悦耳，大鹏把这个剥开的开心果放进了嘴里。

"雅萱，对于风险的承受赔偿程度。有的平台有'本息保障'，而且非常苛刻，要求投资人所投交易数大于 50 笔，并且每笔交易不超过单项总标的 1/3，对于 50 笔交易产生的总收益低于所有的坏账亏损，这时对于差额部分，才会赔偿这部分损失。而有一些平台，对于超过一个月没有还款的贷款人将从风险保障金中提取赔偿款，并且这部分保障金在招商银行有专门的户口，并且每月向大众公开。所以慎重选择平台。"说到这儿，一些凉菜和甜点先上桌了。

"大鹏，最近网上报道很多网贷平台频繁出问题，让我做网络理财的心开始发颤。"我说完舀了一勺我最爱吃的冰激凌雪球放到嘴里。

"雅萱，基于最近发生的'E 租宝'等网络金融平台的崩塌，越来越多的人对于网络理财模式更为谨慎。但是大可不必'一朝被蛇咬，十年怕井绳'，只要是那些经营时间久、成交额大、本金有保障、有自己的网站甚至是 APP、并且在业界的口碑很好的理财平台，大可放心去选择。"大鹏说完仍迷恋地吃着他最喜欢吃的开心果。

雨后的温度让人感觉很舒适，我们和大鹏在东方饭店愉快地交流了一整个下午。

网络众筹，机会不可错过

丁零零，我的手机铃声响了。我看了一下来电显示，是大鹏。周末大鹏打电话来，有什么事呢？我心里想着，每次都是我主动给大鹏打电话咨询，这回是他打电话过来，多少有些诧异。我还是第一时间接通了电话。

"雅萱，周末在家忙什么呢？"电话那头的大鹏还是习惯性地先说一些寒暄的话语。

"在家种种花、养养草，没有什么娱乐方式。"我对着电话那头很有精神的大鹏说道。

"对了，你还在亲朋好友之间众筹吗？"大鹏把话题慢慢引入主题上。

"对，我在亲朋好友间做众筹呢。他们有什么好的众筹项目，我就会投点钱进去。收益比银行存款高。"我说着拿起刚刚洗的苹果啃了一口。跟大鹏之间已经很熟了，他并不介意我边吃边说。

"玩亲朋好友之间的众筹早已过时了，现在网络众筹异常火爆。众筹项目很多，五花八门，各种项目都有，涵盖了 PC 互联网、文体、娱乐、教育、金融、旅游、餐饮等领域。并且互联网众筹具有速度快、回报高的特点。目前，互联网众筹还拓展到了公益众筹和慈善众筹等领域。"大鹏越说越快。

"大鹏，天气热，你慢慢说。"听着大鹏那边快速的说话声，我打断了他的讲话。

"没事，那我慢点说。雅萱，众筹项目根据不同项目的特点，借款期限也不一样，大多数都属于短期众筹，有一年内的众筹项目，也有长达五六年的众筹项目。最近通过互联网平台投资了一项众筹项目，收益还不错。这是一个网络写字楼租赁业务众筹,总共需要众筹资金170万元,分为1 700份，每份1 000元起众筹，投资年限为3+3 年模式，即第一期投资为3 年，3 年后如果觉得收益不错，可以继续投资。这个项目的年收益率为18.11%。这个众筹项目每3 个月分一次红。以投资1 000元为例，基本3 年利息就跟本金差不多，收益甚好。怎么样，雅萱，你对这个众筹项目感兴趣吗？"电话那头的大鹏把打电话的用意表明了。

"大鹏，网络众筹项目的收益怎么样？"我对项目兴趣不大，如果有好的收益，倒是可以试试。

"雅萱，在网络众筹领域我比你更有发言权。**选择网络众筹项目，不但要关心预期回报率，还要考虑项目发展的可能性**。例如，我选择的这个租赁众筹项目，地处大城市的繁华商业地段，后期的区位发展优势明显。这一区的出租率普遍达到 90%以上。因此，基本上属于具有发展前景的优势项目。众筹项目一般还要考虑最低投资份额、每个人最多投资份额、项目持有时间等。雅萱，我说了这么长时间，你还没有心动吗？"大鹏电话那头似乎略带一丝笑意地说道。

"大鹏，最近我工作忙，无暇顾及网络众筹项目。等回头我有时间了再说。"我很客气地回绝了大鹏的众筹请求。

"雅萱，不管你做不做网络众筹，还有几句话我是必须要和你讲的。不在我这做众筹没关系，但是这些你不能不知道。对于众筹项目，要做个网络有心人，善于发现好项目。但在这里我给你个建议，**单个众筹项目不宜投入太多资金，一方面，众筹也有风险，另一方面是可以将其余资金投资到其他众筹项目，获取更高的收益**。雅萱，既然你对我的网络众筹项目不感兴趣，那以后有好的理财项目我再通知你。"电话那头的大鹏并没有一丝不满的情绪。

"好。"说完我果断地挂了电话，心想"投资需谨慎"。

网上商城积分打折优惠等活动能为你省钱

今天是周末，我窝在沙发里，倒了一杯红酒，打开电视，遥控器不断地翻台。始终没有看到好看的节目。想起了好久不联系的小巧，顺手把手机拿起，给小巧打了个电话。

"小巧，好久不联系了，周末忙什么呢？"这是我每次打电话开头惯用的一句话。

"在逛淘宝呢。"小巧的回答很干脆，犹如她这个人一样，雷厉风行，一点都不拖泥带水。

"原来你也是个网购迷啊。关于网购，你有什么省钱的技巧吗？"说来也奇怪，我和小巧的对话不出 3 分钟，准会回到理财这个话题上。

"你这算是问对人了。我自诩为'网购达人'，很多网购省钱的方法都是我在平时网购的实践中学到的。你听我说说，就可以省下一些钱呢。"小巧在电话那头有些炫耀似地说道。

"小巧，你说来听听，我看看怎么个省钱法？"

"雅萱，经常网购的女性朋友，一定不会错失网上商城积分的优惠。**淘宝网推出的淘宝金币对于绝大多数商品在购物的时候能够抵扣一分钱，对于天猫商城用天猫金币也可以抵消售价。**一方面，商家推出商城积分的目的是让消费者多消费；另一方面，如果经常在淘宝这类网站购买商品，获得积分，抵扣一部分金额也是一个省钱之道。虽然，对于淘宝来说，每件商品抵扣的积分数量一般有限定，但是如果积分多的话，也能够优惠个一两角钱，多种商品能优惠几元。有积分，就应该享受到实惠。"小巧说话很快，我快要跟不上了节奏了。

"小巧，没人跟你抢话，你能慢点说吗？"我把一颗又大又红的樱桃放进了嘴里。

"好，雅萱，我尽量慢点说。你也知道的，说话快是我几十年来一直保持的传统作风。"回想起小巧上学那会儿，老师叫同学背课文，别人背诵一篇课文要花上 20 分钟，她 5 分钟就能搞定，而且还十分流利，让老师都不得不劝她慢点背。

"好吧，我只能由着你。"我对小巧快言快语也就忍了。

"雅萱，对于经常网购的朋友用得最多的购物网站就是淘宝网、京东商城和亚马逊了。淘宝网有专属的聚划算区域，聚划算每天都会推出一定的打折商品，如果是有需要的，可以在浏览的时候顺便拍下。对于淘宝推出的'双 11''双 12'会有很多商品在这一天打折促销，如果在 11 月份有需要购买的商品，不妨等到'双 11'一起采购，经济实惠。"小巧说这话的时候有意把语速放慢了一些。听上去还能勉强让人接受。

"小巧，我有时候也在亚马逊买东西，关于在亚马逊买东西，有什么省钱的法子吗？"我顺着小巧又问了一个问题。

"雅萱，亚马逊网的海外购也会推出一些海外商品的打折优惠活动，喜欢海淘的女性朋友可以考虑，一些海外婴儿奶粉有一定的优惠。亚马逊的'时时 Z 秒杀'也是一个打折优惠活动专区，如果有需要的商品可以直接去秒杀。"电话那头传出了一声'阿里旺旺'对话框'叮咚'的声音，小巧在跟我打电话的工夫也没闲着，仍在淘宝网购。

"小巧，听说在聚美优品买化妆品有优惠。是吗？"我对电话那头不停敲键盘的小巧说道。

"雅萱，对于聚美优品，爱美的都市女性再了解不过了。在聚美优品上专注于各类国内、国外的化妆品打折活动，特别是聚美优品店庆的时候，推出的打折化妆品会非常多，打折力度很大。但平时基本聚美优品每期都会推出不同的化妆品打折商品，如果护肤化妆品快用完了，可以考虑提前关注和购买，能省下一些钱。像我这么爱化妆的人，化妆品基本都在这个网站上买，比专柜优惠许多。"小巧那头的敲击键盘的声音暂停了，看来是交易成功了。

"听你这么一说，我正好需要买一个面霜。回头我也去聚美优品看看。"我边说边拿樱桃吃起来。

"雅萱，生活中处处有省钱之道，不要再待在网上看什么小说，偶像剧之类的了，**没事的时候也可以多看看网上商城的打折区，没准你会发现有自己准备购买的商品**。不和你说了，我得开门接外卖了，订了份外卖，周末懒得做饭了。"

"好，下回再聊理财的话题。"说完我把电话挂了，正好赶上电视正在播出《欢乐颂2》，马上开始追剧。

P2P 理财选择的注意事项

我打通了大鹏的电话。

"大鹏，最近我听同事们在聊 P2P 理财的话题，你哪天有空出来，向你咨询一下关于 P2P 理财的事情。"我向接通电话的大鹏直接把目的说清楚了。

"雅萱，上次是一个月前我们坐在一起吃饭了吧！既然你对理财这么感兴趣，那就约在这周六老地方，还是东方饭店，下午 5 点。你请客，我就不客气了。"大鹏说话还挺直接，这小子是知道我刚发了工资吗？

"好的，君子一言，驷马难追。这周六下午 5 点东方饭店见！"我请客，要体现出东道主的气势。

"好的。"大鹏说完就挂了电话。

周六下午烈日炎炎，尽管已经是下午 4 点多了，可是还没有丝毫凉意。只有打着伞，顶着烈日赴约。按照惯例，我提前半个小时到了东方饭店。大鹏也还是老习惯，提前 5 分钟到了。

"大鹏，好久不见，这夏天没把你晒黑，反而变白了。"见到穿着白色半袖衬衣的大鹏，我第一眼的感觉就是大鹏变白了。

"可能是因为最近总在办公室里不太出屋的缘故，没怎么出来晒太阳，所以越来越白了。正好赶上樱桃上市的季节，天天吃樱桃，这东西对你们女士很好，可以美白。"大鹏调侃道。

"你比女人还了解美白，真不敢小瞧你了。"我说着把一杯西瓜汁放在大鹏的面前。

"谢谢，雅萱，你这回找我是要咨询关于 P2P 理财的事情吧。"大鹏说完这句话，喝了口西瓜汁，润了润嗓子。

"对，之前在电话里也跟你说了。现在 P2P 理财很火，为了避免盲目理财，想从你这吸取一点好的建议。你没什么意见吧？"我也用吸管吸了一口西瓜汁，冰镇的味道赶走了燥热的感觉。

"雅萱，P2P 理财又称互联网理财。P2P 在西方国家出现的时候，针对的只是穷苦草根阶层，因此，也被称为'穷人的银行'。互联网中充斥着各种 P2P 理财平台，例如，PP Money、平安路金所、芒果金融等。P2P 理财很多起投为 5 万元，收益可达 8%～15%，甚至以上。P2P 理财最短为 3 个月，最长为一年。P2P 相比其他投资产品如'余额宝'、'理财通'、'百度理财'等拥有较高的收益。"大鹏说到这里，还是大家喜欢吃的那道老菜，蓝莓山药上了桌。

"虽然 P2P 很火，听说问题也不少呢。"我依然习惯性地不等大鹏先吃，自己舀了一勺山药放进碟子里。

"雅萱，你说的有道理。P2P 专注于个人对个人的投资，准入门槛低，虽然收益很高，但是也有一定的风险。最近爆出的"E 租宝"中晋资产崩塌、泛亚事件、卓达民间融资等问题，使得 P2P 理财的安全性再度引起公众的重视。目前，已经被爆出有近 500 家 P2P 理财平台出现问题，其中一半以上涉嫌诈骗。"大鹏也毫不客气，看见我夹"蓝莓山药"，也挖了一块儿到自己的碟子里。

"大鹏，那应当如何规避 P2P 风险？"我光吃凉菜好像没什么饱腹感，心里想着我点的那盘抹茶酥饼什么时候上来。

"雅萱，我们一点一点来说。**你在做 P2P 理财的时候尤其要注意的第一点是请相信天上掉下来的馅饼不会砸到你头上。对于 P2P 宣传的超过 15%的年收益率，你就要警惕了。**因为 P2P 平台本身依靠的是分散行业区域和金额的方式进行投资，如果年化收益率一旦超过了 15%，所谓宣传的 20%甚至更高的收益率，其隐藏的问题可能是被投资公司出现了严重的资金链断裂问题，要谨慎投资。"说到这里，蓝莓山药已经吃完了，我盼望的抹茶酥饼也上了桌。

"大鹏，东方饭店的抹茶酥饼别具一格，外酥里嫩，香脆可口。上次咱们在这吃饭的时候没有点这道菜，这回你可不要错过啊！"说着我夹了一块抹茶酥饼到大鹏的碟子里。

"好的，雅萱，谢谢。我自己来。第二点要注意的是**单笔募集资本金在千万以上的要注意**。因为一旦这类投资出现问题，将使得你投入的资本金变为零。而这类投资往往投入的资本较大，一旦 P2P 理财公司'跑路'，将无法追回这笔投资款。这抹茶酥饼味道不是一般的好，你真会点。"大鹏嚼着抹茶酥饼对我说道。

"对于我这种高级吃货来说，这点都拿不下，还能叫作'高级吃货'吗？"我笑着对大鹏说道。大鹏对我做了一个竖起大拇指的动作。

"雅萱，应该注意的第三点是**成立时间不足一年的 P2P 公司不要轻易投资**。这类公司成立时间不长，盈利能力情况看不出来，而且风险较大，最好不要投资。"大鹏对这盘抹茶酥饼很感兴趣，又夹了一块。看来这盘酥饼很符合大鹏的胃口，没有白点。

"要不我再要一盘抹茶酥饼吧！你这么爱吃。"看着盘里仅剩的两块抹茶酥饼，我对大鹏说道。

"不用，剩两块刚好合适。后面不是还有别的好吃的吗？光吃一个抹茶酥饼就吃饱了，怎么行呢？"大鹏说着话的时候，嘴里已经塞满了抹茶酥饼，他对于抹茶酥饼的爱，我能深深地理解。

"雅萱，第四点我跟你多说一点儿。**团队主要负责人非金融行业出身，并且整体团队人数较少的不要投资。**这类 P2P 理财公司也许不具备专业性，人数较少、很难有较懂行的专家出现。自己给自己融资，区域投资过于集中的 P2P 理财产品不要选择。这种情况很可能是 P2P 公司本身涉嫌作假，骗取投资人的资金。多查询借款人的相关信息，看看其与投资人是否存在一定的关联，避免重复出现同一个借款人。如果借款人的信息不详，项目描述极其简单，出现的标的极少，这个时候尽量不要投资。"说完这些，我点的老鸭汤也上桌了。

"大鹏，多喝一点老鸭汤。凉性，适合夏天吃。"我把大鹏盛汤的小碗拿过来，用大勺给大鹏舀了几勺鸭汤，顺便往他的碗里夹了几块鸭肉。

"雅萱，我自己来，谢谢。我们接着聊，第五点要注意的是**不要盲目相信明星代言的 P2P 产品**。P2P 市场是最近几年才火起来的新兴市场，不可避免地出现明星为赚取代言费而对产品的安全性不知情导致投资者受损的情况。例如，九球天后'潘晓婷'代言的'中晋资产'就出现了严重的问题，让大量的投资客户同时也是明星分享的 P2P 理财者遭受损失。这鸭汤绝对是上乘的老汤，鸭头的味道很浓。这鸭头吃起来也不腻。"大鹏喝了几口老鸭汤，又吃了一块鸭头。

"大鹏，那是不是现在这个时候不太适宜做 P2P 理财呢？"我边说边用勺子往自己的碗里舀汤。

"雅萱，P2P 有风险，但是不要怕，只要你科学地判断加上业界良好的口碑，还是可以选一些较好的 P2P 理财产品的。"说完这些，一个爽口的农家小炒肉上了桌。

"听小英说你平时喜欢吃这个'农家小炒肉'，今天特意点了这盘菜。

赶紧趁热吃吧！"我对着还在喝汤的大鹏说道。

"好，今天的菜我都喜欢，多谢雅萱的盛情款待。"大鹏嘴角露出一丝浅浅的笑。

"哪里，看你说的，今天你要是去外面做咨询，说不定又能赚多少呢。今天咱们边吃边聊。"

大鹏哈哈一阵笑。我和大鹏聊到夕阳西下，便分开了。

小结

1. "宝宝"类理财产品的流动性仅次于活期存款，注定了这类产品不会产生太大的收益。建议女性朋友不要把钱全部存在这类产品里，可以适当考虑其他投资方式。

2. 根据女性朋友的个人偏好，如果喜欢网购，最好绑定理财通，如果偏向于高收益，那么就绑定百度理财。

3. 选择网络众筹项目，不但要关心预期回报率，还要考虑项目的发展可能性。单个众筹项目不宜投入太多资金，一方面，众筹也有风险；另一方面，可以将其他资金投资到其他众筹项目，获取更高的收益。

4. 购物网站推出的"金币"对于绝大多数商品在购物时能够抵扣一部分钱，有些商城还可以抵消售价。没事时也可以多看看网上商城的打折区，说不定你会发现有自己准备购买的商品。

5. P2P单笔募集资本金在千万以上的要谨慎。不要盲目相信明星代言的P2P产品。

财女变身记之六
——三口之家理财之路

婚前个人理财

每个阳光灿烂的少女都经历过快乐的单身生活。一个人吃饱，全家不饿。想购物就购物，想吃大餐就吃大餐，想来一场说走就走的旅行，拿起背包甩头就走。很多女性迷失在快乐洒脱的'月光'单身生活中。

漂亮的包包，进口化妆品，大牌时尚外套，该出手时就出手，毫不吝啬。每每信用卡透支的时候苦不堪言，每月月底只能苦苦挨到下个月发工资的那一天。

当单身一族步入甜蜜的恋爱期时，两个人在一起看电影、吃饭、郊游，各种开销比单身的时候要多很多。因此，婚前的女性要特别注意理财。

最近总也不见小英联系我，这姑娘忙什么去了？我赶紧给小英打了一个电话。

"小英，最近你忙什么呢？都多久没联系我了，信不信我把你名字给忘了？"我用略带威胁开玩笑的口气对小英说道。

"我最近谈了一个男朋友，这个男朋友天天缠着我，都感觉没有自由了。你说有这样一个男朋友在身边，是不是一种损失，让我都没工夫和好姐妹愉快地玩耍了。"小英这么一说，无异于腾讯新闻的头条，对我的震惊实在是太大了。

"这么快就找到男朋友了，你怎么都没跟我说啊。这个消息绝对是一个好消息。以后要你男朋友请吃饭。赔礼道歉。"我开玩笑地对小英说道。

"那一定。我这个男朋友也是介绍的，现在还处于观望状态，所以也没有跟你讲。"小英说出了不告诉我她找到男朋友的缘由。

"起码以后不用一个人了。啥时候喝你喜酒啊，我这份子钱都给你准备好了。"我兴奋地问小英。

"不着急。现在先谈着也可以，万一不合适分手了也是常事。"小英那边压低了声音说道。

"小英，最近'城市风尚'正在搞换季打折活动，不如叫上小巧，咱们三个一起出来逛逛街怎么样？别整天总是围着男朋友转，也别整天被男朋友围着转。即使是恋爱了，咱们姐妹也得有姐妹聚会的时间，你说对不？"我为好久不见的闺密聚会找了个借口。

"好，雅萱，那你联系小巧吧！我这边时间上无所谓，只要是周末就行，和你们出去耍。"电话那头的小英说。

"好的，先这么定。我微信联系小巧，定好时间地点，周末一起出来逛街。"我对小巧说道。

挂了电话，我立刻给小巧发了微信，约在周六上午 10:00 在小英家小区门口集合，因为小巧住的小区正好在我和小英住的小区的中间。

很快小巧的微信回复了，她表示同意。我把这消息又转发到了小英的微信上，小英发了一个'OK'的手势。我这中间联络员的工作做得十分到位和尽职。

周六上午尽管刮了一点儿小风，但丝毫没有影响我和闺密逛街的心情，上午 10:00，我们三个准时出现在了小巧所在小区的门口。

"小英，恭喜，听说你最近恋爱了？"小巧见到刚到的小英开口第一句话就是小英谈恋爱的事情。

"小巧，这么快这个消息就传到你耳朵里了？"小英对小巧的知晓感到有一丝吃惊。

"对啊，这么大的事情你说我这样的老同学能不知道吗？"其实在约小巧出来之前，我已经把小英谈恋爱的事情和小巧通了气。

"找对象这事靠缘分，缘分来了，我也不能拒绝啊。"小英微笑着对小巧说道，透出一副恋爱中幸福女人的模样，让人好生羡慕。

"小英，虽然你谈恋爱了，但是关于婚前理财的事情，我这过来人也要跟你说说。"小巧示意我们三人边走边谈。我最先迈开了前进的步子。

"小英，首先，随着工作年限的增长，要逐渐摆脱'月光'一族的想法。**合理平衡收支，尽量不要入不敷出。**每月工资的 15% 左右作为定期存款和备用金。这部分可以用作应急或者其他认为重要的支出。**同时，逐步**

提高自己的职业技能水平，为升职加薪做好准备。千万不要等到快结婚了，发现自己结不起了。不能因为手头的资金紧缺耽误了终身大事。"小巧意味深长地说道。小巧对于这种事情深有体会，因为她结婚的时候就是靠家里接济才勉强结的婚。她不想小英也像她一样吃亏，于是把真心话吐了出来。

"小巧，我和他现在只是在恋爱阶段，至于结婚还不知道是什么时候的事呢。"小英有些腼腆地对小巧说道。

"男大当婚，女大当嫁，是再正常不过的事情了。小英，如果恋爱双方感情稳定，准备在近期结婚，那一定要提前做好结婚规划。切不可万事都依赖父母。结婚是人生的一件大事，同时也是花销最大的一件事。结婚涉及婚纱照支出，婚庆场地费支出，婚庆公司支出，婚宴支出及蜜月支出等。这些开支你一样都不能忽视。除非你选择旅行结婚。但那毕竟不是主流。"小巧说着拿出了包里的扇子开始边扇边说。

"小巧，关于婚庆规划，你有什么好的建议吗？"小英也从包中拿出了一把遮阳伞，恋爱后的小英更加注意防晒了。有句话说得好，恋爱中的女人最美，时时刻刻都对容颜保养有佳，想不美都难。

"小英，我建议像你这种没什么经验的女士多和男方商量，同时也做好与家人的沟通。通常亲戚间好多长辈的子女结婚早的，对于婚庆市场比较了解或者多少有些经验，多听听他们的建议能够少花冤枉钱。现在结婚是一件费心、费钱的事情，很多事情可能一家人也不一定能忙得过来。所以，最好找一家性价比较高的婚庆公司，负责婚礼的策划、摄影、迎亲等活动，不仅省时省力，花销上还能省下一些。"我们不知不觉就走到了'城市风尚'的楼下，整个楼面都是玻璃的，反射出耀眼的光。

"小英，我现在还不知道男方的情况，如果由于条件所限不得不做全职太太，那么在结婚之前一定要给自己买一份保险，作为婚后的保障。"小巧把扇子收起来，我在旁边把'城市风尚'的门给两位女士拉开。

"谢谢雅萱。小英，作为过来人，还要奉劝你一句话：婚前把握好理财这把钥匙，才能开启婚后的幸福生活之门。"小巧前脚已经迈进了'城市风尚'的大门，我和小英也随着走了进去。

'城市风尚'火爆促销的场面非常热闹,我们三个想买的商品琳琅满目。便开始慢慢地逛起来。

结婚也要理财

上了一周班,好不容易到了周末,还窝在被窝里,闺密小英就打来电话。

"喂,亲爱的,都日上三竿了,你怎么还没醒啊?"闺密小英那头似乎刚晨跑回来,活力十足地在电话那边带着责备的语气对我说道。

"你不陪你男朋友一起吃早餐,在这里跟我打什么电话啊。大小姐我还没睡够呢。"我在被窝里嘟囔道。

"大小姐,该醒醒了,早饭都吃完两个小时了,现在该吃午饭了。"小英那边提高嗓门对我说道。

"啊?这是几点了啊?"我一听都两顿饭的工夫了,赶紧问小英。

"都中午 12 点了。你不会要睡到晚上 12 点吧。"小英在那头声音一下子高了上去。

"啊,都 12 点了啊。我午饭、早饭还都没吃呢。"我一听小英说都中午 12 点了,马上从床上爬了起来。

"雅萱,赶紧起床,收拾一下,下午我约了小巧,下午 3 点我们三个在'漫咖啡'一起聊聊天。"小英催我快点儿起床。

"好……"我对小英很不情愿地说道。

我从床上爬起来,快速地洗漱完毕。肚子忽然叫了起来,到客厅的茶几上随便拿起一袋薯片吃了起来。

翻阅着时尚杂志,吃着薯片,很快到了下午 3 点。我匆忙出了门。

下午 3 点,三个人准时出现在了'漫咖啡'的卡座上。

"小英,你这恋爱谈得怎么样了,什么时候结婚?"小巧最爱关心别人的八卦,上学那会儿,她被宿舍人公认是'娱记'的最好苗子,在她的嘴里永远有聊不完的娱乐八卦新闻。可惜最后却在旅行社做了一个主管。

"应该是明年吧！小巧，你的份子钱可要从现在就攒上啊。"小英对小巧眉飞色舞地说道。

"好啊，俗话说，这谈恋爱也不能时间太长，理想的谈恋爱期限是 12～18 个月，如果超过了这个期限，很可能就会因为审美疲劳而分手。这是有科学依据的。不要不当真。你明年能结就赶紧结了吧，拖得时间太长，风险很大。"小巧对小英说这话，像一个大姐姐似的。

"多谢小巧关心。谈恋爱，有风险，我还是第一回听说呢。先不说风险的事情，先说说结婚理财的事情吧！"小英这回请小巧来喝咖啡，主题当然与结婚理财有关，不然肯定又天天黏在男朋友身边，闭关不见人的。

"小英啊，有人说女孩子一生最美的时刻就是穿上婚纱当新娘的那一刻。当姑娘们被幸福冲昏头脑的那一刻，请提前保持清醒，为结婚理财，不然婚后可能让你成为'负婆'。"小巧说这话的时候，表情有一丝的严肃感。

"好啊，为了不变成'负婆'，我也要多向你这过来人请教呢。先喝杯我点的你最爱喝的纯黑咖啡。讲的时候不犯困。"小英说着，把一杯冒着热气的纯黑咖啡端到了小巧的面前。

"谢谢。小英，关于婚纱。作为普通工薪阶层，结个婚没必要和明星攀比。婚纱没必要一味追求大品牌、设计师款，要知道婚纱这个东西毕竟一辈子只穿一次，婚后没有谁还会傻呵呵地拿出来炫耀一下。所以，如果不是什么土豪，婚纱可以租一套，毕竟婚纱再贵也比不上小两口踏踏实实过日子。节省下来的婚纱钱可以留出作为蜜月储备金。"小巧说到这里，喝了一大口纯黑咖啡，很享受的样子。这种纯黑咖啡对于我和小英来讲，基本一口都喝不下去，因为实在太苦了。

"再来说说这婚纱照。关于婚纱照，如果有喜欢摄影的朋友，不妨叫上一起去拍婚纱照，效果不一定比影楼差，并且可拍的地域范围大大地增加了。不要对国外陌生的影楼存有信任的态度，要知道曾经有一对夫妻去日本请当地的影楼拍婚纱照花了十几万元，效果还不如普通人拍出来的好。邀请摄影发烧友去参与你们的婚纱照拍摄之行，不仅能增进朋友之间的友谊，还能节省一部分花销。如果确实拍的效果不理想，也可以货比三家，实地走访选择一家靠谱的婚纱影楼。"伴着优美的音乐，小巧仿佛陶醉在自己的讲话中。

"小巧，关于蜜月之行，你有什么好的建议没有？"小英还是喝着她平常最爱喝的拿铁，与小巧侃侃而谈。

"小英，关于蜜月之行，我只能首先表示有一些遗憾了。"小巧无奈地皱了皱眉头。

"为什么这样说？"小英很疑惑地问小巧。

"可怜的 80 后，2016 年还没结婚的，只能享受三天的婚假了。因此，对于婚后度蜜月这一设想几乎化为泡影。因此，不妨将婚期与长假拼凑，这样可以为蜜月出行腾出更多的时间。如果实在排不了，那蜜月之行只能用年假来抵了。虽然是蜜月，但不妨当作平时出行一样来规划，可以在网上团购或者提前联系旅行社，可以提前半年订机票，为出行团购好必备的旅行包和拉杆箱之类的出行物品。蜜月开销尽量控制在可掌控的范围之内。避免攀比和讲究排场。此外，新马泰比欧美路线价格低很多。"小巧虽然喝了一口纯黑咖啡，但是还是忍不住打了一个哈欠，可能是因为最近太累的缘故。

"小巧，两个人结婚前应当怎样理财呢？"小英用咖啡勺搅拌了几下咖啡问道。

"小英，两个人组成了一个家庭，未来的开销必然要比一个人的时候大。抚养孩子、赡养老人及各种家庭开销都是新婚夫妇面对的让人头疼的问题。因此，小两口有必要将生活开支、储蓄开支和投资开支的比例约定好。**一般而言，一个家庭要留有一定的应急资金，一般以够半年的花销为好。**新婚家庭抵抗风险的能力较弱。因此，对于理财产品应当选择一些风险较小的。例如，股票型基金等。"小巧说到这儿，停顿了一下，顺手拿了几颗桌子上的小甜甜扣放在了嘴里。

"这甜甜扣我比较喜欢吃，小巧，你觉得味道怎么样？"我对于甜甜扣是再喜欢不过了。此时，在小英和小巧的对话中，我终于能够插上一嘴了。

"味道很好。小英，在做家庭理财规划前，简单地对两人的固定资产进行盘点。例如，房屋商铺、投资流动资金等都要做到心中有数，以方便后期投资。同时，两人可以考虑购买一定的商业保险，以增强抵御风险的能力。"小巧对这甜甜扣似乎有些上瘾，又拿起了一颗放进嘴里。

"准备婚前资金也是十分重要的事情，关于这方面，小巧，你有什么好点子吗？"小英看出了小巧喜欢吃甜甜扣，于是有意没有拿甜甜扣，而是拿勺子舀了一勺提拉米苏。

"小英，两个人组建了一个家庭，就像左右牵右手，也可以理解为搭伙过日子、休戚与共的亲人。**两人最好建立一个开支收付账本，建立一个公共的银行存款账户，不仅便于两人共同管理，当存款达到一定额度时，还能享受 VIP 服务。**这公共账户里的钱就可以当作你们结婚的备用金。到临近结婚时拿出来，能顶大用。"小巧还在继续吃她的甜甜扣。

"小巧，别光顾着吃甜甜扣，这提拉米苏味道也很不错。"小英示意小巧吃一些提拉米苏。

"好的，我尝尝。小英，结婚后两个来自于不同原生家庭的个体会产生一定的摩擦，这时候要多沟通，尊重彼此的习惯，改掉'提前消费'的毛病，共同经营好一个小家。这提拉米苏味道不错，我特别喜欢的巧克力味道。"小巧吃得很陶醉。

在安静的咖啡厅，三个女子围绕着'结婚如何理财'这个问题谈了好久。

为孩子成长理理财

到了端午节，正好赶上调休，放 3 天小长假。我和小英还有小巧一起相约去逛商场。正好顺便出来溜达溜达，交流交流姐妹之间的感情。

小英和小巧还有我三人在早上 10 点依然选择在'城市风尚'碰面，这里有着我们追求的品位，其独特的商业味道吸引着我们三个经常光顾这里。

"小巧，你的孩子今年也得有 3 岁了吧？是不是都快会打酱油了？"
我先打开了三个人之间的话题。

"可不是吗，时间如白驹过隙，转眼我的孩子都 3 岁了，小英明年也
打算结婚了。雅萱，你要努把力，争取早日把自己嫁出去。"小巧沿着商场
富丽堂皇的大理石走廊边走边对我说。

"争取尽快把自己嫁出去。小巧，你看小英明年都快结婚了，这结完
婚就该考虑要小孩的事情了。关于小孩成长如何理财，你不妨跟我和小英
讲一讲，这育儿经在我们三个人中，你懂得最多了。"我看着二层满满的儿
童服装对小巧说道。

"雅萱，孩子是爱情的结晶没错，但是有很多家庭为了孩子开支过度。
在大城市，一对夫妻养育一个孩子要花费不少心血。在一定的程度上，家
长在金钱上对于孩子的放任，不但没有使孩子获得更多的快乐，却给孩子
带来诸多不利的影响。例如，严重依赖父母，不懂得节俭，没有消费计划
等。孩子的成长不但是身体的成长，更是诸多消费习惯和家庭理财观念熏
陶下的成长。关于孩子成长理财，家长们应当更多地关注孩子成长并能如
何更好地理财这个问题。"小巧边说边走向一家儿童短袖的专柜。

"小巧，这孩子成长理财的学问可大了去了。你快给我们讲讲吧！"我
迫不及待地想听听小巧这几年来的育儿经。

"雅萱，都说温州商人世代经商，因此很多人认为温州商人具备经商
的基因，其实完全不是这样。温州商人家庭只是在孩子很小的时候在家庭
氛围中影响和发展了孩子的'财商'。温州商人注重培养孩子的经济意识。
温州商人有很多是白手起家，在创业路上的艰辛，很多孩子也深受影响，
他们深知父母的钱来之不易，因此不会轻易浪费和挥霍。这样，温州商人
从小就培养孩子使其拥有一定的经济头脑，懂得勤俭持家的道理。"小巧边
说边把一件蓝色短袖拿在手上看了又看。这件蓝色短袖上面印着一条白色
的海豚，显得格外活泼。

"对，培养孩子'财商'这个事情很重要，要从小培养。"我对小巧这
个观点很赞同。

"那当然，除此之外，**还要积极引导孩子建立储蓄的习惯**。家长要给孩子建立一个'专款专用'的'孩子账户'，鼓励孩子将平时的压岁钱、零花钱和亲戚所赠存到他自己的账户下。家长不要对孩子进行过多的干涉。让孩子自己懂得存钱、花钱。孩子若能很好地管理自己的资金账户，对以后孩子的财商的培养将产生很大的有利影响。这条短袖图案很可爱，可惜就是有些短了，我家孩子最近长得特别快，这样的衣服估计穿不过半年就得买长的。"小巧买儿童服装还不忘想着怎么省钱，我和小英很是佩服。

"小英，以后你要是有了孩子，多带孩子参加一些关于理财的少儿课堂或者边玩边看一些理财的视频。不要让孩子养成攀比的坏习惯。多教孩子一些理财的知识，尝试让孩子去买一些低级的理财产品。例如国债，银行理财产品等，可以以监护人的身份代买，但前提是尊重孩子的意见。"小巧说完这些便走向卖儿童鞋的地方。

"小巧，很多人都给孩子买了保险，你买了没有？"我对小孩的服装并不感兴趣，但是对小巧的育儿经兴趣很浓。

"雅萱，我虽然没有给孩子买保险，但是我身边的同事们都给孩子买了保险。2016 年的时候，我的一名同事小李就给自己家的孩子购买了一份重大疾病商业医疗保险。每年缴费不多，但保额大，并且孩子的医疗花费都可以报销。保险对于小孩成长理财来说是必要选项。"小巧顺手拿起了一双"阿迪达斯"的运动鞋，这鞋颜色是灰色的，但看上去很大。

"雅萱，以后我孩子长大一些了。我会鼓励他暑期去打工。对于稍大一点儿的孩子，完全可以鼓励寒暑假在居住地附近打工，麦当劳和肯德基都可以按小时结款。只有让孩子亲身体验赚钱的不易，才能真正懂得该如何合理消费。"小巧说完放下了刚才看的那双灰色'阿迪达斯'的运动鞋，摇摇头不满意地向别处转去。

"小英，雅萱，**孩子快乐的成长离不开家长的财力，财力的积累要靠良好的理财习惯，不仅家长要有一定科学合理的理财方法，也要逐步培养孩子正确的理财观念**，这对于孩子的成长至关重要。都快 12 点了，我肚子饿了。我知道这附近有一家不错的韩国烤肉店，不如我们一起去吃吧！"小巧边看表边对我和小英提出去吃午饭的建议。

"好。"我和小英几乎是异口同声地答应道。三人不由地哈哈大笑起来。

做好教育基金储备

周末，小英陪男朋友去看电影了，我无聊地一个人跑去健身房锻炼身体。没想到周末健身房的人这么多，看来在钢筋混凝土森林里上班的白领一族日益意识到锻炼身体的重要性。

我一个人在跑步机上开始慢跑起来。都说跑步是最好的有氧运动方式。大汗淋漓之后，减肥健身效果应当不错。我跑着跑着，旁边出现了一个穿着紫色运动服的女士，在一旁跟我一起跑了起来。刚开始我只顾着自己跑自己的，没有注意到身边的这位女士。没想到这女士却叫住了我。

"雅萱，这么巧，在健身房我们俩都能遇到。不愧是有缘分啊。"我抬头一看，原来是小巧也到这家健身房来健身了。

"真巧，小巧，你经常来这家健身房锻炼身体吗？"我边跑边对小巧说道。

"对，我公司为了增强员工体质，也为了丰富员工的业余生活，为每名员工都办了一张这个健身房的会员卡。一年内可以无限次地来这里健身。"小巧边说边在我旁边的跑步机上慢跑。我们俩的节奏几乎一致，也方便对话。

"小巧，上次我和小英还有你在'城市风尚'逛的时候，你说的一些孩子成长理财的东西我很赞同，以后我结婚有孩子之后也这么理财。最近，我看到周围的同事都在弄什么'教育基金理财'，你知不知道'教育基金'是怎么个理财方法呢？"我跑着跑着，额头上冒出了汗珠。

"给你一条毛巾，你擦一擦，我看你头上都冒汗了。"小巧顺手给我递了一条毛巾，示意让我把头上的汗擦一擦。

"谢谢，看来以后来健身房，毛巾是必不可少的。像我这么容易出汗的人，一条小小的毛巾能顶上很大的用处。"我一边在跑步机上跑一边接过小巧递过来的毛巾开始擦汗。

"雅萱，都说家里的孩子是一个无底洞。以城市为例，一个小孩从出生到大学毕业，至少要花费家庭 30 万～50 万元的开销。因此，孩子的教育开支在家庭支出中占据重要一席。能否为孩子的教育基金进行专项理财，不仅关乎一个家庭的生活质量稳定性，也关系到孩子的成长。"小巧这会儿跑得似乎比我快半拍。

"小巧，家庭教育基金是不是越早准备越好？"我又反问了小巧一个问题，才刚擦下汗一会儿，头上又冒出了几颗汗珠。

"对，雅萱，教育基金与其他家庭支出不同，越早开始理财越好，因为时间越长，积累金也就越多，到孩子入学时更容易减轻家庭的经济压力和负担。**家庭教育基金一定要实现'专款专用'，没有特殊情况，最好不要挪作他用。**这样有利于保障家庭的教育支出。"小巧说到这里给我递过来一瓶'脉动'饮料。

"谢谢！你别说，运动的时候真的需要一瓶'脉动'。"我接过小巧扔过来的'脉动'十分感谢地说道。

"别客气，都是老同学了，一瓶水算不了什么。看来你是不经常来健身房锻炼啊，这前期准备一点也不充分。"小巧边跑边喝'脉动'。

"这都被你看出来了，看来一切都逃不过你的眼睛啊。喝了这瓶'脉动'一下就有力量了。真神奇。"我对旁边一口气把一瓶'脉动'喝个精光的小巧说道。

"对，运动消耗就是大，离不开一瓶水。雅萱，**家庭教育基金最好选择定投基金，每月从工资里扣一部分，不要超过工资收入的 20%，在可承受的范围之内，选择最适合自己家庭情况的一款教育基金。**建议选择带分红型的教育定投基金，这样既可以分享收益又可以给孩子的教育增添一份保障。以一款家庭教育基金产品为例，投入期为 6 年，每年投入 2 万元，6 年总共投入 12 万元。到孩子上大学时，这笔教育基金可以提出，大学 4 年每年平均可提供教育支出 3 万元，对于就读国内大学的孩子足够一年的所有开销。"小巧说到这里，可能是运动得有些累，从跑步机上走了下来。

"小巧，那对于有打算将小孩送到国外留学的家庭，是不是更要提早准备了？"我也从跑步机上下来，对小巧说道。

"对，雅萱，对于希望孩子出国留学的家庭，家庭教育基金理财就更应当提早准备，最好提前至少 5 年，这样才不至于出现'提供银行存款证明'出具不了的尴尬。"小巧休息够了，又走向哑铃室。

"小巧，这哑铃也是我喜欢的运动项目。"我跟着小巧走进了哑铃室。

"好，一起过来锻炼吧！雅萱，家庭教育对于一个家庭，一个社会都极其重要，往小了说关系家族的兴旺，往大了说关系到整个社会的安定。每个家庭，尤其是对于结婚不久打算要小孩的青年夫妻更要提早理财。"小巧开始双手拿着最轻的哑铃往上举。

"看看我们俩谁坚持的时间长。"我也开始拿起两个同级别的哑铃开始跟小巧比赛。

再婚人士也别忘了理财

天气很热，在公司午餐间吃饭的同事越来越少了，大家都倾向于叫外卖，懒得头一天自己做了。虽然很多在公司就餐的同事都不带餐了，但是我还是坚持自己做，因为实在是吃不惯外面的味道了。

我在公司就餐间正巧碰上了同事小张，他一个人在那里喝闷酒，饭也不怎么入口。我走上前去，把饭盒放在了与他靠近的桌子上。

"小张，你是不是有心事，我看你总是在喝酒，没有吃一口饭。"我关切地问小张。

"雅萱，我离婚了。"小张尽量压低声音，但声音中流露出丝丝的不悦。

"小张，我理解你。不要再难过了，你要积极起来，迎接接下来的人生。"我这样劝说着小张。

"雅萱，谢谢！"小张眼里此时分明噙着泪水。

"小张，我们聊聊再婚人士如何理财这个话题吧！要是这财理好了，你再找一个好老婆不也是分分钟的事情吗？"我给小张打气。

"雅萱，你说得对。再婚人士不像初婚人士那样对家庭理财毫无概念了。再婚人士在迎来了人生的第二春时，不要忘记精心地对家庭的财产进行理财。只有'财大气粗'了，才能把重构的家庭经营好。"小张说完这些又喝了一口他平时最爱喝的冰镇的'青岛啤酒'。

"雅萱，不瞒你说。上个月经过别人的介绍，我又和现在认识的这个南方姑娘结婚了。"小张又吐露了自己的婚姻情况。

"这不得了，那没什么好惋惜的。人生就是这样，一波又一波的打击，谁也说不好这打击过后会不会迎来另外一个春天呢？"我对喝着酒的小张说道。

"雅萱，对于再婚人士在理财时应当注意以下几点：第一，由于再婚前各自都有过家室，多少也会拥有一些自己的财产。**再婚前可以选择进行财产公正**，例如，对自己名下的房子，商铺或珍藏等具有价值的财产进行公正。不要认为再婚的公正会影响到两个人的感情，一旦再婚的家庭出现了裂痕和再次的离婚，家庭公正就能够为离婚后的生活提供一定的物质保障。特别是离异的女性朋友，财产公证从侧面来说是对自己的保障。"小张说到这里，终于吃了一口米饭。

"小张，可能我现在接触这个话题有些不合时宜，但是你说的这些我能理解。"我夹了一块昨晚自己做的'农家小炒肉'放在了小张的碗里。

"谢谢！雅萱，再来讲讲这第二点。**再婚家庭的两个人一定要做好家庭财产支出方面的沟通，彼此支持，共同分担经济负担，要制订切实可行的家庭理财消费计划**。例如，旅游消费计划、医疗计划保险计划及子女教育抚养计划等各方面的理财计划。并且最好有详细的文字记录，便于以后调整时有可查的依据。修改计划的过程也是两个再婚人士不断沟通和培养家庭感情的过程。有利于最大化地减少家庭支付方面的矛盾。"小张没有用筷子夹到他盘子里的'农家小炒肉'，而是继续喝着小酒。

"小张，现在很多再婚家庭都是实行 AA 制，你怎么看？"我吃了片'农家小炒肉'，滑而不腻，十分爽口。

"雅萱，你问的这点正是我要说的第三点。在家庭支出方面，再婚夫妻双方要多沟通，不主张实行 AA 制，毕竟在中国这样一个比较讲究传统的国度里，如果再婚的家庭实行 AA 制，可能会造成夫妻双方心中的隔阂。同时，再婚人士一般都具有一定的经济基础，因此对爱人的合理的花销不要过多进行干涉。我现在再婚后，还是把工资上交给老婆，这样才能巩固我们之间的感情。"小张说完，用筷子夹起了我给他的'农家小炒肉'吃了起来。

"味道怎么样，最近我新学的一道菜。"我对正吃着肉片的小张说道。

"可以与五星级酒店厨师一拼高低了。雅萱，最后还有两点需要提醒你。作为女性，一定不要放弃自己的工作。因为工作不仅能够挣得谋生的资本，而且有利于保持女性的家庭地位，还分担了丈夫的家庭压力和负担。除此之外，要合理配置家庭闲置资金，多渠道投资。提前为养老做好理财规划。"小张说到这里，一瓶冰镇'青岛啤酒'已经被他喝个精光。

"过奖了。"我对小张客气地说道。

"雅萱，再婚人士在理财方面应当比初婚人士更加游刃有余，关键在于两个人是否能够做好及时地沟通。只有互相地包容和多站在对方的角度看问题，那么很多家庭的理财矛盾也许就不会发生。"小张说完这些，收起了饭盒，走向办公室。我看着小张的背影，想着人生万象。

不可忽视的养老理财

最近新闻联播里总是在播放有关养老的话题，让我们这些年轻人的神经紧绷。养老理财需要提前的意识不断加深。

我每次一想到新的理财方式，第一时间就能想到大鹏，于是给大鹏打了一个电话。

"喂，大鹏。你现在工作忙吗？"我这贸然给大鹏打电话，怕影响大鹏的工作，于是先问一下他忙不忙。

"不忙，雅萱，你是不是又有什么新的理财想法了。不然不会给我打电话的，这一点我很了解你。"电话那头的大鹏似乎摸透了我的习惯。

"对，今天就是想问你一下关于'养老理财'的事情。"我也没有绕弯子，直入主题。

"这个话题最近很火。这与我们国家当下的形势有些关系。80后将面临延迟退休的尴尬局面。必须重视的是，对于很多人来讲，退休工资只有上班工资的 20%～30%。因此，特别是对于工资较低的城市女，要想退休生活舒适，不能只靠社保，更要对养老保障提前计划，增加自身的储备。"大鹏说到这里清了清嗓子。

"对啊，你说得太对了。"我很赞同大鹏的观点。

"雅萱，对于80后的一代，面临'4-2-1'的家庭模式，靠子女养老几乎成为神话。因此，在退休前10年，一定要将手中的现金存入银行，银行存款具有稳定性高的特点，抗风险能力最强，当然收益也最低。但却是相对于快退休的人来说最好的理财方式。"大鹏抛出的这段话似乎让我有些失望。把钱存银行，谁不会呢？

"雅萱，除此之外，**退休之前为自己购买一份商业养老保险补充也是非常有必要的**。一方面，单位为自己缴纳一定的社会保险金；另一方面，自己购买一份社会养老保险。无疑是为自己提供了双保险和双保障。"大鹏给了我一个建议。

"大鹏，我不想把钱存入银行养老，还有什么其他好的养老理财方式吗？"我对大鹏问道，带着一丝丝小小的疑惑。

"雅萱，**退休之前除了选择银行存款理财之外，最好选择投资黄金**。黄金相比其他的理财产品具有更好的保值和易变现性。这也是为什么'中国大妈'钟情于'黄金'的真正原因。如果有富裕的钱不妨多投资到黄金领域，更好地抗通货膨胀，为自己的养老提供一定的保障基础。"电话那头似乎听到了大鹏的主管叫他过去开会的声音。

"雅萱，我这临时有个会，关于养老理财我今天只能跟你说这么多了。

最后，要叮嘱你的是养老理财不只是老年人的专利，年轻人也要未雨绸缪。一个人一生工作的时间有限，在工作时多为自己的养老理一些财，晚年就多享受一份收益和保障。"说完这些大鹏匆匆挂了电话。

小结

1. 婚前合理平衡收支，尽量不要入不敷出。同时，逐步提高自己的职业技能水平，为升职加薪做好准备。

2. 结婚后，一个家庭要留有一定的应急资金，一般以够半年的花销为好。两人最好建立一个开支收付账本，建立一个公共的银行存款账户。

3. 要积极引导孩子建立储蓄的习惯。孩子快乐地成长离不开家长的财力，财力的积累要靠良好的理财习惯，不仅家长要有一定科学合理的理财方法，也要逐步培养孩子正确的理财观念，这对于孩子的成长至关重要。

4. 家庭教育基金一定要实现'专款专用'，没有特殊情况，最好不要挪作他用，并且最好选择定投基金，每月从工资里扣一部分，不要超过工资收入的20%，在可承受的范围之内，选择最适合自己家庭情况的一款教育基金。

5. 再婚前可以选择进行财产公正。再婚家庭的两个人一定要做好家庭财产支出方面的沟通，彼此支持，共同分担经济负担，要指定切实可行的家庭理财消费计划。

6. 退休之前为自己购买一份商业养老保险补充也是非常有必要的，还可以选择黄金理财投资。

财女变身记之七——理财中的数据意味着什么

存款准备金率对理财的影响

下班后，自己做好晚饭，一盘'西红柿炒鸡蛋'，一盘'蒜薹炒肉'。一碗米饭吃得饱饱的。收拾完碗筷，窝在沙发上看起了'新闻联播'。

新闻联播头条播报了国家准备降低'银行存款准备金率'。随着理财越做越专业，仿佛从这条消息中一下子就能捕捉到敏锐的理财信息。但是，却不知道降低'银行存款准备金率'对个人理财的影响。

尽管已是晚上 7 点，但是天还没完全黑，夏天白昼时间长，让人比其他季节更加精神。我拿起电话，给大鹏打了个电话。

"大鹏，你下班了吗？"我听见电话那头大鹏身边此起彼伏的电话声，似乎这个时候他还在办公室。

"雅萱，没有呢。最近一段时间公司有一个新项目，这不，要加班赶任务。"大鹏那边的声音显得很疲惫。

"你要注意身体啊，长期这样加班，恐怕身体吃不消啊！"我对加班的大鹏热心劝道。

"我们干金融这行，加班是家常便饭，没事的。雅萱，你今天给我打电话有什么事情吗？"大鹏那边办公室里十分嘈杂，似乎是还有其他同事一起加班。

"大鹏，我刚从新闻联播里看到中央银行准备降低银行存款准备金率。不知道这一降准，对我的理财会产生什么样的影响呢？"我可能晚饭吃得太饱了，不由自主地打了个饱嗝。

"雅萱，看来你晚饭吃饱了。这饱嗝打得都这么响！2016 年中央银行行历经数次降准，几乎每次降准伴随着降息。不要小看中央银行的这一小小的举动，对你的理财多少也会产生一定的影响。"大鹏在电话那头调侃道。

"让你见笑了。我自己今晚做得两个菜实在太可口了，所以吃多了。大鹏，你吃晚饭了吗？"我拿起茶几上的果汁喝了一口。

"还没呢。我得把任务做完再吃饭。现在也不饿。"大鹏电话那头办公室里各种手机声乱成一团，不知道是客户的电话还是家里人打来的催饭电话。

"不行就点份外卖吧！总不能饿着肚子干活啊。"我对加班的大鹏说。

"好的，谢谢。我先给你讲清楚'银行存款准备金'的事情吧！雅萱，银行存款准备金率下降往往伴随着银行存款利息的下降，2015 年经过数次银行存款准备金的调低，以一年定期存款为例，银行存款利率由 2.5%下降到 1.5%。10 000 元定期存款利息由下调前的每年 250 元下降到每年 150 元。因此，如果银行存款准备金率一路下滑，可以适时地考虑将银行存款转移到其他的理财途径以获取更高收益。"大鹏办公室里有外卖师傅喊话的声音，估计是他办公室的同事点的外卖。

"大鹏，降准与贷款有什么关系呢？"我用遥控把电视机调到了静音的状态。

"雅萱，中央银行下调了存款准备金率，意味着中央银行增加了对于商业银行的货币供应量，房地产开发商能够比以前获得更多的银行贷款，购房者按揭买房的偿还利息也会降低，有利于贷款买房一族。因此，**当存款准备金率连续下调的时候不妨将购房需求释放出来，这个时候贷款比较划算**。"电话那头传来了大鹏同事吃盒饭的声音。

"对于我购买股票有什么影响吗？"我索性将电视机给关了，不断跳跃的电视机画面很影响我通话的心情。

"雅萱，中央银行降低存款准备金率，释放大量现金的流动性，对于股市来说是利好，有利于为股市聚集人气，对股市大盘起到一定的提振作用。此时，不妨买进一些看好的股票，短期持有，但从长期来看，影响股市还要看经济的整体发展态势和国家的宏观调控导向。"大鹏从专业理财经理的角度对我在降准环境下购买股票提出了合理的建议。

"大鹏，降准对理财产品有什么影响呢？"我拿着无线电话，走到窗台边，打开了客厅的大灯，拉上了窗帘，此时窗外已经暮色依稀。

"雅萱，**连续降准之后，银行理财产品收益会降低**。因为，银行理财产品主要针对的是企业的融资，随着银行存款准备金下调之后，银行的可贷资金就比之前更加宽松，银行理财产品的利息就会下降。其他理财产品，比如，互联网'宝宝类'产品的收益率也会降低。例如，'某宝'理财产品由 2015 年的 3%以上的收益率降低为 2.5%。因此，处于连续降准时期内，可以少配置一些'宝宝'类的理财产品。"大鹏那边耐心地给我解答我提出的问题。

"大鹏，你加班一般到几点啊？"我左肩夹着手机，右手打开电脑。

"一般没有准点，什么时候干完什么时候回家。"大鹏那头回答道。

"这样吧，我已经在网上给你点了份外卖。以后要记得加班要先吃饭。"我单击'付款'按钮，点了份'吉野家'的外卖给大鹏。

"你太客气了，雅萱。让你破费了，真是不好意思。"大鹏那边有些腼腆地说道。

"哪里，应该的。以后可能少不了向你咨询理财的事情呢。"我点完外卖顺手把电脑给关了。

"好的，谢谢。雅萱，不要认为中央银行降低存款准备金率只是中央银行和商业银行之间的事情，而与我们的关系不大，这就错了。中央银行的一切动作都是有经济根源的。中央银行所采取的经济政策通常逆经济风向而行，慢慢地对我们生活中的各个方面，特别是理财产生不小的影响。因此，在理财的时候不要忘记时刻关注国家的宏观政策和经济走势，这对你的理财会很有帮助。"

"好的，谢谢。大概半个小时外卖就送到你那了。记得先吃饭，再干活。"我边说边拿遥控器打开了电视。

"好的。"大鹏那边说完就挂了电话。

人民币汇率变动对理财的影响

近期打算去韩国旅游一趟，周末空闲的时候去了趟银行，换点韩币。正巧在'中国银行'碰见了大鹏。大鹏还是老样子，白白净净的，还是穿着一身深蓝色的休闲服，戴着一副黑框眼镜。

"大鹏，真巧，在银行都能遇见你。你今天过来办什么业务啊？"我向走进银行的大鹏打了个招呼。

"雅萱，真是好巧。我到这里来换汇。最近打算去趟泰国。你呢？"大鹏向上推了推眼镜框，对我说道。

"我打算去趟韩国，也到这来换汇了。你是多少号？"我拿着手中的号看了看，问大鹏。

"我是 81 号，你呢？"大鹏把手中攥着的号票看了看。

"我是 79 号，比你早两个号。我们坐在座位上等一会儿吧！"看着银行电子屏幕上闪烁着的号码牌，显示着已经到 30 号了。为了避免久站，我和大鹏一起在座位上先等等。

"好的。"大鹏和我一起坐在了休息椅上。

"大鹏，听说现在很多人都在炒汇，你对汇率理财有什么理解呢？"我问坐在旁边的大鹏。

"雅萱，人民币较之前已经发生了贬值。人民币汇率变动对于理财产品的收益会产生一定的影响。因此，做汇率理财应当及早根据市场汇率变动对投资策略进行合理调整，减少损失。"大鹏说着，银行叫号机又叫了一个号。

"雅萱，人民币汇率变动对理财的影响主要有哪些呢？"看着手中的号，貌似还有很久才能叫到我们。

"雅萱，人民币汇率变动对理财的影响主要有两个方面。第一，**人民币贬值，银行理财产品收益率将会出现下行趋势**。例如，短期保本型理财产品收益会下降。人民币汇率走低，对银行理财产品收益产生下行压力。

第二，**人民币升值**，对于那些出国旅游发烧友来说是个利好消息。人民币升值了，在国外能够买到更多的东西，出国旅游变得不再那么'穷游'了。"大鹏说到这里，叫号机一连叫了几个号，都没人应答。

"这些人估计都回家了，人太多，等不及了。"我听着叫号机叫了三个号，没一个人应答对大鹏说道。

"是啊，主要是天气太热，银行人多，很多人估计都回家了。改天再出来办。"大鹏说着到银行饮水机那边接了两杯水。

"来，喝杯水吧。还得等上一小会儿呢！"大鹏将一纸杯水递给我。

"谢谢。大鹏，面对人民币汇率变动，理财应当从哪几个方面注意呢？"我接过大鹏递过来的水对他表示感谢。

"雅萱，人民币汇率变动，理财要多加注意。第一，在汇率波动比较大的时期，想要把握汇率变动的方向是十分困难的。因此，在汇率波动比较大的时期，最好不要过多地对汇率理财产品进行大量的投入。这个时候通过汇率理财产品进行理财获取收益是比较难的。"大鹏说完这番话，喝了口水。

"第二点是什么呢？"我也小口抿了抿手中的这杯水，其实不是很渴，出门的时候已经喝了一大瓶果汁了。

"第二点，对于受到汇率影响比较大的理财产品，如果能提前终止合同就提前终止合同。这样可以避免更大的损失，提高年收益率。人民币汇率走低，注意那些偏好杠杆产品的投资要降低仓位。"银行的叫号机又一连叫了几个号，还是没人应答。

"大鹏，看来前面的人都回家了。照着这速度下去，咱们也不用等多久了。"我说完这个，感觉有些渴，喝了几口水。

"雅萱，最后一点要跟你说明的是人民币汇率走低，不要盲目换汇。对于汇率理财产品最好多次分时段购买，减少汇率变动的影响。对于人民币汇率波动时期，可关注一些非汇率理财产品。例如，物业及租金理财产品、黄金、房地产、信托投资基金等。美元走强时，黄金价格下跌，此时最好不要过多买入黄金进行投资。"这个时候叫号机叫到了 77 号。

"大鹏，这前面的大多是空号，马上就要到我办理业务了。"我握着手中的号牌纸有些小开心。

"嗯，还是挺快的。雅萱，关于汇率理财，只有在变动的人民币汇率变化中采取变动的应对措施，才能更好地玩转汇率理财。"大鹏又补充了一句。

"大鹏，我得去办业务了，回头聊。"叫号机正好这个时候叫到了 79 号，我匆匆拿着号去了柜台。

"好。"大鹏向我做了一个再见的手势。

GDP 对理财的影响

新闻联播中总提到 GDP，GDP 标志着一个国家创造的经济价值总和，同时 GDP 的高低对于理财也会产生一定的影响。股神巴菲特曾经说过一句十分经典的话：任何时候，衡量股市估值的最佳单一指标为股市总市值与 GDP 的比值。可见，GDP 对于理财的重要性。

对于 GDP 对理财的影响我仿佛是丈二和尚，摸不着头脑。这个时候，我又想起了大鹏，这个资深理财专家。什么问题一到他那儿都不是问题，并且还能给你提出合理的解决方案。于是，我拨通了大鹏的电话。

"大鹏，忙吗？"打通电话的第一句我先问问大鹏是不是在加班。

"不忙，今天是周六，外面阴天了，索性就在家里看看经济类的书籍。你呢？周六在家里干吗？"大鹏电话那头传来了风吹书页的飒飒声，大概他是坐在飘窗上看书了。

"我啊，就是窝在沙发上看电视。最近老听新闻里说什么 GDP 之类的，这 GDP 对咱们老百姓的理财会产生什么影响呢？大鹏。"我看了一眼书柜中的经济书籍，大多已经有半年以上没翻过了。

"雅萱，对于中国的特殊国情来说，GDP 很大一部分是出自房地产的贡献。但是，随着国家对房地产市场的严格调控及限购等措施的出台，使得依靠房产理财的可适用程度降低，房地产暴利时代已经结束。当 GDP 的增长与百姓实际购买力增长相差悬殊时，投资房地产需谨慎。"大概是外面刮起了大风，大鹏那本书的书页被吹得哗啦啦响。

"大鹏，这个时候应该选择什么理财产品比较合适呢？"我向大鹏征询建议。

"雅萱，此时，不妨投资一些其他理财产品。例如，黄金可以投资一些，最好投资纸黄金，可以选择'快进快出'的投资策略，收益相对平稳。如果偏好较高的收益，不妨配置一些 P2P 理财产品。例如，'人人贷'、'宜人贷'等，一般这些 P2P 产品收益会超过 7%。对于中低风险偏好的投资者，不妨投资一些保险产品，最好为分红型保险理财产品。对于低风险偏好的投资者，不妨配置一些现金理财类产品，这些产品的特点是收益不高，但是风险很低，一般收益率保持在 3%。雅萱，你先稍等一会儿，我把窗台上的一本经济书拿回来。"大鹏走向窗台，脚步声很清晰。

"大鹏，你周末也不出去玩，还在家里研究什么经济学，你不是专家都难啊。"我对着电话那头大鹏说道。

"闲着也是无聊，不如多学点经济学，还能为理财提供帮助不是吗？雅萱，2016 年，**GDP 走低**，这对于理财来说是不小的冲击。一些偏向高收益的投资者纷纷走向对赌平台，然而收益较多的并不多，原因在于这类平台往往要求投资者具有较强的投资金融知识，而大部分普通投资者都达不到专业水平。**GDP 大幅增长，对于国家来说给出的信号为投资的大幅增长，因此，投资者可以适当考虑寻找作合股东，强强联合，开展一些收益率高于 10%的投资项目。**"大鹏说到这里，他家的门铃响了，看来是来客人了。

"大鹏，我就不打扰你了。你家周末有客人来吧？"电话那边丁零零的门铃响个不停。

"对，周末约了几个朋友到家里来做客，互相交流一下理财的事情。回头有什么理财方面的咨询，欢迎随时打电话。"大鹏边说边走向大门。

"好的，谢谢。"我说完感谢，电话那边传来了'嘟嘟'的声音。

PPI、CPI 对理财的影响

又是一个无聊的周末，翻着最新订阅的时尚杂志，内容似乎没有什么值得可看的地方，广告占据了大部分的篇幅。打开电视，频道翻了两遍，除了一些娱乐节目，没有什么其他可以吸引我的了。我拿起手机，给大鹏打了一个电话。

"喂，大鹏，周末你和朋友们都干吗啊？"我把杂志合上，右手拿着手机对大鹏说道。

"哦，雅萱啊，我周六在家里办了一个理财沙龙，约了几个要好的朋友在一起讨论关于理财的事情。毕竟集体的智慧永远大于单个人的智慧。你要不要过来参加？"大鹏那边邀请我参加他的理财沙龙。

"大鹏，自从学校毕业后，我都没参加过这种理财沙龙呢，倒是学校的讲座去听过几场。你住在哪里？"我对着电话那头的大鹏说道。

"我就住在'东方小区'，离'东方营'地铁站很近。我们这个沙龙下午 3 点开始，你要过来的话，可不要迟到哦！"电话那头的大鹏嘱咐道。

"好的，你住的地方离我这不远，我开车过去也就半个小时。正好闲着无聊，去和你们这些理财大咖学习一下理财知识。"我左手拿遥控器边说边把电视关了。

"好的，下午 3 点不见不散。"大鹏那边挂了电话，开始准备下午的理财沙龙聚会。

我简单打扮了一下，扎了个马尾，清爽地走出了家门。去大鹏家的一路上，几乎没什么车，整体来说路况还算畅通，很快到了 2:50，还不到半个小时，就到了大鹏家。

"大鹏，你好！"我按响了大鹏家的门铃，大鹏打开门。

"雅萱，快进来。大家也都提前到了。先坐下。"大鹏把我招呼到了沙发上。这时，沙发上坐着几位大鹏的朋友。

"雅萱，我来介绍一下，这位是东胜理财的张总，这位是泰隆基金的李会计师，这位是我的同学现在在招商银行做理财经理，你叫他小吴就可以了。"大鹏为我一一介绍了来参加理财沙龙的朋友。

"你好！"我一一和大鹏的朋友握了手。在简单的寒暄过后，沙龙活动开始了。

"首先，非常感谢各位兄弟姐妹到我家参加这次沙龙活动。本次沙龙活动的主题是'PPI'、'CPI'对理财的影响。大家有什么说什么，在我这里不要忌讳，畅所欲言。"大鹏说完这些，把提前切好的西瓜给大家各分了一块。

"大鹏，大家都这么熟了，有什么还不能说啊？"张总半开玩笑地说道。

"我最小，那我就先说了。你们先吃着西瓜。"小吴在这几位嘉宾中最年轻，他清了清嗓子，准备开始说了。

"在生活中，对于 CPI 大家并不陌生，但对于 PPI，了解的人并不多。PPI 即生产者价格指标，是衡量生产者制造商出厂价的平均变化指数。这个指标通常是由统计部门计算出来的，是统计部门统计的许多物价指标中的一个。PPI 高于预期，表明国家经济会出现通货膨胀的风险；PPI 低于预期，表明经济会出现通货紧缩的风险。PPI 是政府部门制定财政经济政策的主要参考指标之一，对于大众理财将会产生一定的影响。这大热天的，还得来口西瓜，清清嗓子。"小吴说完这些，吃了一块西瓜。

"别吃了，别吃了，赶紧说说 PPI 对理财会产生什么影响，听着正起劲呢。"大鹏说道。

"好了，我把这几点讲完，就可以痛快地吃了吧？哥们，听着。"小吴说完这些把手中的西瓜放在了茶几上。

"这才是真爷们！不过，这还有位姐们呢，你可注意点儿。"大鹏对着小吴一笑。

"各位哥们，姐们。PPI 的下降主要原因在于与生产制造有关的金属冶炼、石油、煤等开采的成本有所下降。因此，投资于该板块的股票价格可能会出现下跌的趋势。**PPI 连续数月降低，降准、降息的可能性较大，此时，银行理财产品的收益将会走低。**说完了，我可以吃西瓜了吧，看着你们吃着，我讲着，更加口干舌燥了。"小吴说完这句话，把剩下的西瓜咬了一口。

"李会计师，别光顾着吃，给我们大家介绍介绍 CPI 理财吧！"你介绍好了，我们哥们几个打赏。"大鹏让李会计师讲讲 CPI 的理财知识。

"大鹏，这可是你说的，我想吃……呵呵，可惜你这没有啊。"李会计师边说边用右手托着腮帮子。

"哪能没有呢，就是去月亮上我也给你摘回来。"大鹏对李会计师回了句。

"好，够义气。真哥们！大家注意听，下面我要开讲了。CPI 即消费者价格指数，我们平时感觉到的'猪肉价格又涨了'就是 CPI 走高的表现。CPI 是代表一个国家通货膨胀程度的重要指标。只要这个指标每年的涨幅在 2%～3%之间，物价涨幅被认为是可接受的。CPI 指标的上涨，不仅仅意味着猪肉的价格会上涨，其他商品的价格也会随之上涨。例如，医疗、居住、教育、文化服务等方面的价格都会上扬。因此，**在这些领域适当做些投资，将会有利可图。**"李会计师一口气说了那么多，大鹏见状赶紧端上一杯上好的龙井给李会计师解解渴。

"雅萱，作为一名理财女，不能天天沉浸在韩剧的浪漫爱情里，更多地要关注经济走向及一些经济指标的变化，从而适应经济风向做出合理的投资决策，才能使理财收益跑赢 CPI 的涨幅。"初次见面的张总以一种长辈的身份对我说道，我连连点头表示同意。

PMI 对理财的影响

马上又要到周末了，看了看行程安排。周末没什么安排，我打了个电话给大鹏，表示要参加周末的理财沙龙聚会。

"大鹏，你们的理财沙龙聚会是不是每周都有啊？"我好奇地问大鹏。

"也不是每周吧，没这么频繁，就是看大家都有时间的时候吧！"大鹏电话那头回答道。

"哦哦，那这周六我还能参加你们的理财沙龙吗？"我对大鹏说道。

"好啊，雅萱，欢迎！这周六正好我请了一个女性理财专家小欣。她在亚投理财工作了 10 多年，对理财相当有发言权。到时候介绍给你认识。"大鹏知道我对理财最感兴趣，帮我推荐女性理财专家真是雪中送炭。

"好啊，谢谢大鹏。周六还是老时间、老地点吧？"我担心大鹏他们改了时间和地点，就顺便问了一句。

"没有，还是周六下午 3 点在我家。准时到哦！"大鹏可能被呛到了，咳了一声。

"好的。周六下午见！"说完我就挂了电话。想着他们这期会讨论什么话题，没想着提前问，要不就没有新鲜感了。

周六下午我准时到了大鹏家，这次参加沙龙的嘉宾比上回少了一个，张总没来，或许是由于工作太忙，参加沙龙的除了我和大鹏只有三个人。

"小欣，介绍一下，这是雅萱，过来参加沙龙的。"大鹏站在小欣的前面介绍我。

"你好！小欣，我是雅萱，认识你很高兴。"我友好地和小欣握了手。

"雅萱，我也很高兴认识你。"小欣愉快地应声道。

"好，我看大家都到齐了。今天我们'大鹏沙龙'理财话题是 PMI 对理财的影响。谁先来谈谈？"大鹏首先说道。

"我先说吧。我对 PMI 这方面比较了解。"小欣没有一丝的扭捏，很爽快地要求第一个讲，这是大多数金融女的性格——干练爽快。

"PMI 即采购经理人指数，是国际通行的宏观经济监测指标之一。PMI 是五项指标的加权平均值：新订单指标、生产指标、供应商变化指标、库存指标及就业指标。PMI 虽然包括美国制造业的整体状况、就业及物价情况，但是对于世界经济的指示作用是不言而喻的。 PMI 指标对于大众理财也有一定的参考作用。"说到这，大鹏给小欣递上了一杯雀巢咖啡。或许这是小欣最爱喝的品牌，她满意地接过了大鹏递给她的咖啡，笑了笑。

"小欣，PMI 对理财的参考作用，你能详细地讲一讲吗？"我对理财来了劲，便问道。

"好的，雅萱。首先，**PMI 指标的高低与黄金价格的高低呈负相关的关系**。PMI 通常以百分数的形式体现，当 PMI 高于 50%，表明经济有扩张的趋势；反之，低于 50% 时，经济则会有萧条的倾向。当 PMI 高于 50% 时，利多美元，利空黄金；当 PMI 低于 50% 时，利空美元，利多黄金。因此，对于炒黄金的理财者来讲，可将 PMI 值作为国际黄金价格走势的一个指向性可参考指标。"小欣说完这些，喝了口咖啡，不热不凉，口感刚刚好。

"其次，当 PMI 上升时，美元汇价上升；当 PMI 下降时，美元汇价下跌。因此，**对于投资外汇理财的人来说，将 PMI 的走势高低作为买入抛出的参考是有必要的**。"小欣说完这些，把咖啡放在了茶几上。我觉得小欣浑身都散发出金融女独特的优雅气质。

"最后，短期来看，PMI 暂时走高，对于股市来说是一个利好。但如果做股市的长期投资，最好多结合国家政策的经济风向标。"小欣说到这里，手机亮了一下，她开始低头按手机。

"对，PMI 是世界经济表现态势的一个衡量指标，对于投资黄金汇率理财产品和股市的投资者具有一定的参考价值。雅萱，今天你又多了解了一些 PMI 的理财知识。参加我们的理财沙龙值了吧？"大鹏补充道，为了不使我感到被冷落，大鹏有意地对我提了一个可有可无的问题。

"是啊，看来以后要多多参加你们的理财沙龙。"我对坐在沙发上的理财大咖们说道。

大家相视一笑。

M2 对理财的影响

闺密小英天天忙着和男朋友约会，每次和她约都放我鸽子。我只有自娱自乐才能活得逍遥。还是跟上个周末一样，参加大鹏的理财沙龙。

在这次沙龙上，我又遇到了小欣，她穿得很休闲，长长的卷发很有女人味。我坐在她的旁边，边吃樱桃边准备听大鹏怎么讲理财。

"我看各位都到齐了，那就开始吧！今天咱们讨论的理财话题是'M2对理财的影响'。关于这个理财话题，我了解的比较多。不如就从我说起吧！"大鹏作为东道主，首先发言。

"你还真不客气。"张总对大鹏调侃道。

"去去去，哪凉快哪待着去。"大鹏以一种哥们间的口吻对张总说道，张总笑笑不说话。

"不开玩笑了，我们继续。M1 是流通中的现金和支票存款的总和；M2 是在 M1 的基础上加上储蓄存款。M1 代表的是经济实体中实实在在的购买力；M2 代表的是经济实体中潜在的购买力。如果 M1 上升迅速，则代表消费及终端市场极其活跃；如果 M2 上升迅速，则代表投资环节十分火爆。M1 过高，M2 过低，则需求过大，投资略显不足，这时，商品会有涨价趋势。如果 M1 过低，M2 过高，则投资过热，需求较低，商品可能出现降价。大家有没有什么问题？"大鹏说到这里，停顿了一下。

"大鹏，我想问个问题。M2 的波动性过大意味着什么呢？"我从茶几上拿了一杯酸奶喝了起来。

"雅萱，这个问题问得好。**M2 的波动性加大，从一定程度上说明了银行理财产品发行数量与资金规模扩张得十分迅速。**并且，在季末银行为了赶业绩，会刻意拉存款，一些理财产品会集中安排到季末或者年末，这时，购买银行理财的利息比平时会高。但是，这在一定程度上又加剧了 M2 的波动性。目前，M2 对于整体资金流动性的指向作用并不大。对于整体资金流动性的指向要更多地关注社会融资总量。大家不要光顾着吃，要参与进来！"大鹏看了看只顾喝酸奶的我说道。

"大鹏，M2 过多会导致什么问题？"我一边用吸管吸着酸奶，一边提了一个问题。

"雅萱，M2 过多，会导致一些问题。例如，货币供应是否过多的问题，货币供应过量会对经济产生不利的影响。**M2 每年增长的速度在 20%～30%，如果一个理财者手中的钱增值达不到这个速度，那么代表你手中的货币实际购买力是下降的。**并且，M2 的飞速上涨，代表着财富不断从中低阶层走向高阶层，这样就更加凸显社会财富分配的不均。我自己在家里做了一些老酸奶，刚才忘记从冰箱里拿出来了，我现在去拿。"大鹏平时也是一个勤劳的人，不仅自己动手做酸奶，有时还自己烤面包。

大鹏拿过来了一大罐自己做的老酸奶，给每人用纸杯盛了点。我用吸管一吸，味道居然比买的要好喝很多。我们又开始探讨怎么做老酸奶的事情，理财沙龙变成了一场'吃货沙龙'。

小结

1. 当存款准备金率连续下调的时候不妨将购房需求释放出来，这个时候贷款比较划算，但理财产品收益会降低。

2. 人民币贬值，银行理财产品收益率将会出现下行趋势。人民币升值，对于那些出国旅游发烧友来说是个利好消息。

3. GDP 走低，这对于理财产品来说是不小的冲击。GDP 大幅增长，对于国家来说给出的信号为投资的大幅增长，因此，投资者可以适当考虑寻找作合股东，强强联合，开展一些收益率高于 10% 的投资项目。

4. PPI 连续数月降低，降准降息的可能性较大。此时，银行理财产品的收益将会走低。CPI 上涨在医疗保健、教育文化等领域投资将会有利可图。

5. PMI 指标的高低与黄金价格的高低呈负相关的关系。对于投资外汇理财的人来说，将 PMI 的走势高低作为买入抛出的参考是有必要的。

6. M2 的波动性加大，从一定程度上说明了银行理财产品发行数量与资金规模扩张得十分迅速。M2 每年增长的速度在 20%～30%，如果一个理财者手中的钱增值达不到这个速度，那么代表你手中的货币实际购买力是下降的。

财女变身记之八

——理财风险规避

识别投资中的误区

闺密小英几乎每个周末都围着男朋友转，找她出来玩比请明星还难。我只好自己出去逛街，最喜欢的地方当属"城市风尚"，各种牌子的衣服在这里应有尽有，很多新款看上去很吸引人。

在"城市风尚"的"普拉达"专卖店，我看见几款喜欢的衣服，试了试但总是不合身。正当我转身走出"普拉达"专卖店时，看见小欣正朝"普拉达"专卖店走过来。

"小欣，咦，怎么这么巧，在'城市风尚'遇见你了。你平时逛街也喜欢来'城市风尚'吗？"我对着墨镜别在衣领口的小欣说道。

"对啊，真巧，我平时经常来'城市风尚'转的。"小欣边用余光扫着专卖店里的衣服边对我说道。

"看来大家'志趣相投'啊！"我对着穿着一身白色连衣裙带有一丝'仙气'的小欣说道。

"谁说不是呢。雅萱，我知道这里地下一层有一家'星巴克'咖啡，要不咱俩到'星巴克'聊聊天？"小欣站在"普拉达"专卖店的门口，拉着我的右胳膊说道。

"好啊，一起去喝杯咖啡，正想向你请教点问题呢。"我把右胳膊挽住小欣，一起走向地下一层的"星巴克"。

地下一层的"星巴克"虽然面积不大，但是却沾了"城市风尚"的光，来这里喝咖啡的人非常多。大多是城市白领，西装革履，拿着电脑文件包的居多。

"小欣，我最近在忙理财，逐渐对投资感兴趣，但是我发现我在投资的过程中，掉进了一些陷阱，导致赔本的发生。你能跟我聊聊怎样才能识别投资中的误区吗？"我和小欣刚坐下，我就把要讨论的话题直截了当地跟小欣说明了。

"雅萱，你这个问题，很多人都咨询过我，不是一句两句就能讲明白的。你先等下我，我去要两杯咖啡。"小欣说完去点咖啡了。

"这人确实多，看来喜欢喝咖啡的人不少呢。"小欣点完咖啡对我说道。

"是啊，大概都是像你我一样，工作一周，想和朋友聊聊天的吧！"我把放在腿上的包拿下来放在了身后。

"雅萱，对于像你这种理财'小白'。一旦掉入错误的投资陷阱，往往难以脱身。因此，应当对理财知识不断学习，学一些'识别投资误区'的招数。"小欣说到这儿把拿在手上的手机放在了咖啡桌上。

"那应当怎么识别这些误区呢？"我边说边把手机调成了震动，这是我和别人谈话的习惯。

"雅萱，第一，理财'小白'的定位应当是做一名'低风险高收益'的投资者。投资不要盲目贪多贪大，如果有10个投资机会，能够及时抓住其中的一两个已经很不错了。很多初级'小白'只关注投资组合，而忽视了投资的成长性。例如，一些女性朋友买基金，只是购买不同行业不同公司规模的股票组合，但是细看每一只股票其所依附的公司成长性并不好。**对于投资组合，要两方面兼顾，一方面要关注资金的流动性，另一方面要关注所投股票或基金的成长性。**"小欣说着，吧台里的服务员让我们去拿咖啡。

"小欣，你坐着，我去拿。"我说着就站起身往吧台走。

"好的，谢谢！"小欣说完开始玩手机。

"咖啡来了。小欣，你喜欢喝'卡布奇诺'啊？"我端着两杯卡布奇诺咖啡问小欣。

"是啊，雅萱，我平时喝'卡布奇诺'比较多，那种滑滑的牛奶，浓浓的奶泡和淡淡苦涩的咖啡味道让我很陶醉。"小欣说着接过我递给她的一杯"卡布奇诺"。

"小欣，我平时比较喜欢喝拿铁，味道实在是太香了，稍带一点点牛奶的味道就很好。"我拿起咖啡杯，用嘴抿了一口"卡布奇诺"。

"雅萱，咖啡，还是要喝自己喜欢的味道。第二，很多理财'小白'每天看金融报纸，报纸上各种专家对于理财产品众说纷纭，很难辨别哪位专家的观点是正确的。这时容易被所谓权威专家的一面之词迷惑，做出错误的投资决策，蒙受投资损失。与这类理财'小白'不同的是，有部分理财者对自己的投资理念、方法及选股策略极其自信，放松了警惕，结果投资打了水漂。这些行为都是不可取的。"小欣喝了一口"卡布奇诺"，嘴角有一丝奶泡的痕迹。

"那应该怎么做呢？"我问小欣。

"雅萱，首先，对于理财投资，要形成自己独立的判断，不要迷信专家的言词。另外，对于自己一贯的投资策略一定要保持高度的警觉，不可过度自信。对于初入理财领域的小白更应当多方听取和接受不同的交易理念和方法。对于股票投资，买入要谨慎，最好试探着分批多次买入。要分散持仓，对于大盘不同走势要采取相应的调整策略。"咖啡厅里的柔美钢琴曲让人如痴如醉。

"雅萱，第三，有些女性朋友理财，或选基金或投资股票，总是选择自己熟悉的那几只基金或者在几家上市公司中兜圈子。殊不知，投资最忌讳的就是原地不动，总是陷在几家公司中，收益必定不会有过多的增长，并且失去了投资更好公司的机会。因此，投资要多变换不同类型的公司，有些公司的业绩不一定一直都好，这需要长时间的观察和投入，只有变换不同的投资组合才能最大化地获得收益和降低风险。"说完这些小欣往咖啡里加了点儿糖。

"小欣，你喜欢喝甜的咖啡？"我看着小欣很娴熟地往咖啡里加糖，动作很优雅。

"对啊，雅萱，我是喜好偏甜一点儿的咖啡。第四点，很多理财者将收益目标定得很高，一旦投资表现得不好，就容易产生心理上的波动，有时甚至会错过发现另外一个投资机会的最好时机。**正确的做法是在投资中要'三不比'，即不与他人比较投资收益，因为不同的人的投入和投资策略是不一样的；不与其他股票比涨跌，容易患得患失；不与整个市场比涨幅，很多单只的股票投入收益是跑不赢大盘的，和市场比涨幅没有意义，只要自己的投资有一定的收益，小富即安便可。**"小欣把喝完奶泡只剩下半杯的咖啡用小勺子搅了搅。

"小欣，要不要把我这份糖也加到你的咖啡杯里？"我看着小欣这么喜欢吃甜的，便说道。

"不用，谢谢，够了。第五，股市上涨的时候，有些人就急于购买基金，股市一下跌就抛出基金。但许多实践表明，股市下跌的时候才是基金最佳的购入时机，当股市牛市来临的时候往往会获得不少的收益。"小欣说完这些，一口气又喝了 1/3 的咖啡。

"小欣，看来你平时喝咖啡也不少啊。一口气能喝这么多。"我对着嘴皮上留有咖啡淡淡的棕色痕迹的小欣说道。

"是啊，做金融的很多人都喜欢喝咖啡。这个能提神，还能让人产生愉悦感。工作太累的时候，来杯咖啡，简直美极了。雅萱，第六，很多人在投资时，只认投资项目的名气或者规模，对投资项目的资质了解甚少。正确的投资方式应当首先考虑项目的资质，其次是项目的风险控制情况，最后才是项目的名气或者规模。"小欣一口气把剩下的咖啡全部喝完，又吃了点儿小点心。

"小欣，这款蔓越莓蛋糕味道真的不错。你很会点呢。"

"是啊，这点心也是我经常点的，甜而不腻，味道让人难以忘怀。雅萱，第七，有部分人买了基金，就让基金在账户上一年到头睡大觉，到年底的时候才发现，自己亏大了。这种做法是不可取的，买了这只基金，就要时刻关注这只基金的表现，预计将要亏损的时候采取相应的措施，只有这样的理财才是有意义的。"小欣这时也开始用勺子舀蛋糕吃。

"我们俩吃的速度还挺快，一小会工夫两杯卡布奇诺和蔓越莓蛋糕就吃光了。"我对小欣说道。

"是啊，可能是大家都比较喜欢喝咖啡的缘故。"小欣这时起身去结账。

"小欣，我来付款吧！"我争着起身前去付款。

"不用了，这次我请，下次你请。"小欣拒绝了我付款的行为。

"好吧！"事已至此，我也只有应声答应。

"雅萱，初级理财女在理财投资的过程中不免会'触雷'，一定要在实践中不断地学习，才能增强识别投资误区的能力，获得更好的投资收益。"小欣和我边说边走出了"星巴克"咖啡厅。

债券风险需防范

周末闲着无聊，独自一人去了趟健身房。健身房里人非常多，大家在巨大的工作压力下都需要一个释放压力的平台，这个平台就是健身房。运动完之后的一身大汗确实能够释放一定的压力。

我在跑步机上慢跑，由于天气太热，半个小时就需要休息一下。我从跑步机上下来，到旁边的休息椅上拿瓶矿泉水，咕噜咕噜喝起来。

"雅萱，真巧，在这里还能遇见你。你说咱俩是不是有缘分。"坐在我旁边的居然是小欣，她穿着一身紫色的运动服坐在休息椅上拍着我的肩膀说道。

"小欣，没想到在健身房还能碰见你。你也喜欢健身吗？"我说着递给小欣一瓶矿泉水。

"是啊，每个星期的周末只要有时间就会到健身房运动一下。我发现运动是最好的释放压力的方法，谢谢。"小欣接过我递给她的一瓶矿泉水对我说道。

"我偶尔来健身房，不是很频繁。小欣，以后咱俩可以约着一起来啊。"我说完这句话又开始咕噜咕噜地喝水，看来运动不仅仅是流汗还得注意补水。

"好啊，以后我来的时候给你打电话。"小欣对我摆了一个 OK 的手势。

"小欣，每次一看到你，就想向你请教一些关于理财的问题。"我用毛巾擦了擦脸上的汗。

"你直接说吧，我俩这么熟了，还用绕弯子吗？"小欣微笑着对我说道。

"好吧，那我就说了。许多'中国大妈'喜欢购买风险低的国债，像我们这种理财'小白'往往抢不过大妈，只能选择其他的债券。债券利息比银行存款多，但是也具有比银行存款高的风险。如果说防范债券风险对于投资债券能否获得收益来说至关重要。我就想问你如何防范债券风险？"我擦了擦鼻梁上冒出的汗珠。

"雅萱，债券风险是由多种因素引起的。因此，我要一条一条地从不同风险的角度向你解释。"小欣做惯了咨询，对我说的这句话里明显带有职业的味道。

"小欣，咱们先在这里休息休息，你慢慢讲。"我从兜里掏出了两块巧克力，递给小欣一块，先给她补充补充能量。

"雅萱，谢谢你的巧克力。任何债券都存在违约风险。即投资经营方出现亏损，导致投资受损。因此，**在进行债券投资之前，要对被投资公司的基本情况有一个大致了解**。对于公司的经营状况要从公司的财务报表中进行分析，对公司的偿债能力和盈利能力进行预估。避免买入质量收益差的公司债券。这巧克力味道不错，里面还带榛仁的，吃起来很脆。"小欣边嚼巧克力边对我说道。

"这是我的一个朋友从国外带回来的。味道和国内的有一些小小的不同，你喜欢吃就好。"我冲着小欣笑。

"嗯，非常喜欢吃。咱们还是说正题吧！债券都存在利率风险。特别是在生息的环境中，债券的利率风险更大。利率的变动与债券的变动方向相反。因此，在利率增加极快的情况下，债券的利率有可能为负利率。**为了规避债券的利率风险，就应当尽量配置长短期不同公司的债券组合**。这样有利于避免短期内由于利率的波动造成的债券利率风险的波动引起的损失。"小欣吃完巧克力又喝了一口矿泉水。

"小欣，听说购买债券还存在购买力风险，是这样的吗？"我觉得坐的时间有些久，起身活动活动腰。

"是的，雅萱。公司债券还有购买力风险，即投资者购买的债券的实际利率应当是债券的票面利率减去通货膨胀利率。如果通货膨胀率大于票面利率，导致债券实际利率为负。因此，如果要防范债券的购买力风险，就应当分散一部分债券的购买力，用于投资其他理财产品。例如，股票期货等，这样有利于降低公司债券的购买力风险。"小欣仰着头对我说道。

"小欣，你也别总坐着，起来扭扭腰。"我对小欣劝道。

"好。除此之外，债券具有变现能力风险。如果一只债券交易很活跃，那么这只债券盈利能力较强的可能性很大，对于一些冷门债券，长时间无人问津，一旦买入，脱手很难。因次，在选择购买公司债券时，尽量选择活跃度较高的公司债券，避免买入冷门债券，规避变现能力风险。"小欣说完这话也起身和我扭起腰来。

"你别说，这腰要经常活动活动才行，我办公室里的小伙伴，年纪轻轻的有的都有腰椎间盘突出。小欣，经常坐办公室的人可得注意了。"我一边说一边把腰扭得更起劲了。

"是啊，前一阵子，我的一个同事也是腰椎间盘突出，还去看中医做针灸了。都是久坐导致的。看来以后要多来健身房健身了。"小欣也把腰左右扭了扭。

"是啊，工作再忙也不要忘记健身。"我对左右扭腰的小欣说道。

"你说的对。最后一点，有部分投资者购买公司债券属于'盲目跟风型'，别人购买什么他也购买什么，完全不是自己的判断。在购买债券时，如果这个时候市场一直处于波动剧烈时期，并且对于债券的价格走势不好把握，这个时候，最好以静制动，等待迷雾过去再做投资判断，不要盲目跟风。"小欣扭完腰后又喝了口矿泉水。

"看来，购买债券还有这么多潜在的风险，你这么一说，我也要防备了。"我的腰已经扭不动了，便坐到了椅子上休息。

"雅萱，一般信用等级越高的债券，风险程度越低，对于债券的各种风险识别技术的把握有利于在动荡的债券市场中降低风险和损失。我先去那边练哑铃去了，你先在这里歇着啊。"小欣说完走向了哑铃健身区。

规避保险理财风险

最近总在健身房晃荡，慢跑、哑铃都练疯狂了。这周末尝试换一种健身方法。打羽毛球也很锻炼身体，但是需要至少两个人参与。于是我想起了同样爱运动的'金融女'小欣。我拨通了小欣的电话。

"喂，小欣吗？"电话那头传来了小欣办公室里客户谈论的声音。

"对，雅萱，是我。什么事？"小欣那边可能是工作比较忙，说话很快。

"周末有时间一起去打羽毛球吗？"我也很快地问小欣。

"好呀，最近我也想找人打羽毛球呢。正好你邀请。那定在哪呢？"小欣简短的话语里要点一个不落。

"就周六下午2点在朝阳体育馆吧！"我原先经常在朝阳体育馆羽毛球馆和闺密小英打球，对朝阳体育馆比较熟悉。

"好的，就这么定了，周六下午见。"小欣爽快地答应了。

"好"我说完挂了电话。

周六下午，小欣穿着一套紫色的休闲运动服来到羽毛球馆。小欣背了一个运动包，包里插着一把羽毛球拍。

"小欣，你来了。场地我已经预定好了。咱们这就开始吧！"我走到小欣面前说道。

"好"小欣把长头发用一根细细的皮筋绑了起来。我扎着马尾辫出来，直接省略了这一步。

我和小欣左一打，右一接，本着非竞赛的原则，一次能打十几个来回。看来小欣的羽毛球水平和我差不多。

中场我和小欣休息一下，打了一个小时，我们到旁边的座位上休息。我顺手把准备好的水拿到小欣面前。

"小欣，你球技还不错。我俩一次能打这么多来回呢。"我边说边用毛巾擦了擦脸上的汗。

"谢谢，雅萱，是啊，我俩差不多，不然也不能配合得这么好。"小欣边说边喝了一口我递过去的矿泉水。

"小欣，最近我在做保险理财，对于保险理财，你有没有什么好的规避保险理财风险的方法？"我对着额头冒汗的小欣说道。

"雅萱，许多人购买保险产品，初衷是好的，但是到了索赔的时候，由于当初疏忽了对保险条款的阅读，导致最后不能获得相应的理赔，保险的作用大打折扣。购买保险理财与其他理财产品一样，也需要懂得一定的规避风险的知识。"小欣边说我边递给她一张纸巾，示意她擦擦额头上的汗。

"谢谢，**购买保险要避免从众心理**，和几个人一起去购买保险，不要别人买什么，自己也买什么，这是'随大流'的心理在作怪。每个人的家庭工作条件和环境及身体情况都不一样，因此，如果购买一样的保险，在实际发生理赔的情况也是不一样的。因此，购买保险的时候，最好与保险理财专业人员做好沟通。保险理财顾问会根据你自身的情况，为你量身定做一款适合你的理财产品。这样在购买保险理财产品的时候就能避免由于从众而导致的经济损失。"小欣边说边用纸巾擦了擦额头上的汗，可能是天气太热了，小欣边擦额头上边冒汗。

"我们同事很多都为孩子购买了保险。"我顺着小欣的话插了一句。

"是的，有的年轻宝妈们为了下一代着想，给孩子购买了多份保险，并且这些产品多数带有理财性质。宝妈们购买个三五万元的'关爱保险'让孩子多一份保障是情理之中的事。但有时候，购买得过多不仅起不到'多保'的作用，反而会造成财力损失。原因在于目前儿童保险的上限为10万元。多重复地投保并不能获得更多的保费，反倒是'超出部分'无效。"小欣用手当扇子左右来回晃，扇去一些燥热。

"原来是这样。有些人还购买了健康保险。这种健康保险，小欣，你怎么看呢？"我瞪大了眼睛有些惊讶地问小欣。

"雅萱，有些投保人购买了健康险种，以为看病就医时会万事大吉，不用花掉自己的一分钱。这种观点是错误的，即使是'健康险种'，有些情况仍属于'除外责任'。因此，在购买健康险种之前一定要弄清楚哪些情况是可以投保的，哪些是不可以的。这样才能免除由于盲目投保造成多花了冤枉钱。"小欣又换了个手接着扇风。

"看来还需仔细了解保险条款。"我也用手扇了起来。

"对，雅萱，**在购买保险理财产品之前，对投保说明一定要仔细查阅几遍**。特别是对于说明生效时间、受益人与投保人等信息要特别留意。避免由于对保险条款的疏忽造成的损失。此外，对保险理财产品的收益要有一个合理的预期。要始终秉承着'保险收益是购买保险的附加价值'这一原则，不要对保险理财赋予过高的收益预期。"小欣说到这里站了起来。

"雅萱，我去趟卫生间。记住，保险理财一方面自己要对理财条款心知肚明；另一方面，要及时与保险理财顾问沟通，有助于获得合理的保险理财收益。"小欣边走边回头跟我说道。

"好的。"我点头示意。

股市投资有风险

每天下班挤公交车，使下班的好心情荡然无存。在公交车站，下班等待回家的人们排起了长长的队伍。我无聊地拿出了手机，边刷朋友圈边等公交车。

"雅萱，你也在这站等公交车啊。"小欣突然出现在我面前，从来没在这站见到小欣的我感到很惊讶。

"是啊，真巧，你今天怎么也在这站等公交车啊？"我疑惑地问小欣。

"是啊，我今天到这边来开会，正好散会出来就有一个公交站。没想到遇见了你。"小欣很兴奋地说道。

"是啊，真是人生无处不相逢啊。"我笑着对小欣说道。

"那我俩应该等的是同一趟公交车吧！520，对吗？"小欣对我们要坐的公交车很熟悉，因为我们住得比较近。

"对，520 公交，好记。"我笑呵呵地对小欣说道。

"是啊，雅萱，你最近又在关心什么投资呢？"小欣这回见面就想起我喜欢钻研理财投资的事情。

"最近对股市比较感兴趣，买了几只股票，前期表现比较好，后期有些回落。你看，这是我买的几只股票。"说着我给小欣把同花顺软件的一只股票给小欣看了看。

"雅萱，'股市有风险，投资需谨慎'。这句话无时无刻不在提醒进入股市的人们，要时刻保持清醒的投资意识。即使不是专业人员，也要懂得一些股市理财风险规避知识，防止手中的股票被套牢，蒙受巨大的损失。"小欣边看我买的'紫金矿业'股票边对我说道。

"是啊，这谁都知道，但是又怎么能避免呢？"我拿过小欣递过来的手机看着这欲涨非涨的股票说道。

"雅萱，购买股票的风险对于中小股民来说通常就是在购买一只股票之后，不能将股票以高于买价的价格转手，造成了亏损或者手中的股票被股市套牢。如果说你在入市的时候赶上了金融危机、能源危机，任凭你使出浑身解数，也无能为力，特别是在股市经过无理性的狂炒之后，股民抛售股票，股市大跌，这些都不是中小股民能够操纵和控制的。这些风险属于系统风险，规避很难。"小欣对着有一丝忧虑的我说道。

"那应该采取什么可行性措施避免呢？"我的目光不再盯着手机屏幕，而是转向小欣。

"雅萱，你所做的只能是随时关注国家经济政策及货币政策的变化，在风险来临之前提前采取措施。**值得注意的是，风险往往发生在股票的高价区。因此，在股票一直很高的情况下要注意防范股票风险。**"小欣缓缓地对我说道。

"小欣，能具体点儿吗？"我皱了皱眉头。

"雅萱，在市场整体向好的情况下，单只股票价格下跌来自于公司经营的不善。因此，防止单只股票由于业绩表现不佳造成的股票投资亏损、最好的预防手段是在选股票时不但要关心这只股票以往的价格走势，并且要对这家公司的经营状况、生产能力、市场占有率及技术管理水平等了如指掌。这样才能在股票市场上避免价格的套牢从而赚取差价。"说到这时，公交 521 进站，停靠在了我们旁边。小欣抬头看了看，无所谓地摇了摇头。

"小欣，短期操作应该怎么做呢？"我问道。

"雅萱，**对于进行短期操作的股民来说，股票市场的波动性较大，短期股票更要关注国际市场的变化，特别是一些市场突发事件和国际政治波动对于股市的影响，提前卖出，减少损失**。在市场整体处于较好的走势时，不要盲目乐观，可能风险随时会出现，下跌趋势时不要轻易抄底，熊市中同样会出现风险，同时，要掌握一些避免套牢的措施。例如，主动解套策略：斩仓、换股、做空盘中 T+0；被动解套策略：补仓和捂股等。"果然，小欣说完这些话，我看见了 520 公交车正向公交站驶来。

"雅萱，股市投资需要多实践，多使用实践中的策略，避免陷入套牢的境地。公交车进站了，我们上车吧！"公交车报站的声音在 5 米远就听得清清楚楚，我们便上车了。

规避期货投资风险

最近在公司吃午餐的时候，总是听同事小张和其他人在聊"期货理财"的话题。我也插不进嘴，只是闷头自顾吃自己做的"红烧肉"。听着小张说做"期货理财"赚了不少钱，心里痒痒的。

周末在家干完家务后，闲着没事翻着时尚杂志。坐在沙发上，边翻杂志边嗑着瓜子。2016 年夏季的时尚流行风没有什么别具一格之处。我无聊地拨通了小欣的电话。

"小欣，下周末一起出来喝咖啡吧！正好有点理财的事情想咨询你。"我说完嗑了一粒瓜子，嗑瓜子壳的声音听上去很清脆。

"既然你下周末要找我咨询理财的事情，那我就推掉和朋友的聚餐吧！"小欣对我的请求就像客户对理财经理的需求一样，答应得没有丝毫的含糊。

"谢谢，小欣，喝完咖啡我请你吃饭。"我补充道。

"别客气，不用，喝完咖啡，我得赶回办公室，正好这段时间有个融资项目，我得忙一阵子了。"小欣委婉地拒绝了我的一起吃饭的邀请。

一周很快就过去了，周六下午我约小欣在"漫咖啡"咨询关于理财的事情。小欣很准时，在约定的时间出现在了"漫咖啡"。

"小欣，快坐下，我点了你爱喝的'卡布奇诺'了。你先喝一口。"我说着把咖啡推到了她面前。

"好，谢谢！雅萱，你今天主要想咨询我关于理财哪方面的事情呢？"小欣边喝了一口'卡布奇诺'边对我说道。

"小欣，就是想问问你关于期货理财的事情，我最近在公司午餐的时候，总是听同事们在谈论期货理财的事情。做期货理财，应该怎么规避风险呢？"我把这杯'拿铁'用勺子搅拌了一圈。

"雅萱，期货是公认的投资方便、获利较高的投资工具之一。期货交易的实质是一种风险交易。要想规避期货投资风险最重要的是要懂一些期货风险管理的知识。这里面涉及很多内容。我一条一条慢慢给你讲。"小欣说着用小勺舀了一点咖啡，放入嘴里。

"小欣，你慢慢喝，要不我再点一杯或者再上个柠檬汁之类的？"我看着小口喝咖啡的小欣说道。

"没关系，一杯就够了。首先，炒期货的投资者都善于利用杠杆产生收益，对于初进入期货投资领域的'小白'，最好杠杆收益不要超过5，否则很难把控。如果风险控制水平较低的投资者专注于投资高杠杆收益的期货产品，无疑是玩火自焚。"小欣的目光投向我身后的一个小白领。

"小欣，你觉得像我这样的白领一族，选择期货公司做期货合适吗？"我左手拿着咖啡勺，右手托着腮帮子问小欣。

"小欣，对于都市白领一族，平时忙于工作，无暇顾及期货市场行情，这个时候，**不妨选择一些专业的公司进行运作**。这些专业的操盘手更了解游戏的规则，更不容易陷入期货投资各类风险陷阱中。并且，这些专业的操盘手会为你提供专业的服务。例如，制定购买期货的方案和策略等。"咖啡厅里的柔美音乐与眼前的咖啡相得益彰。

"小欣，我同事他们总在说什么'仓位设计'。这'仓位设计'要遵循什么样的原则呢？"这个时候耳边传来了一首我最爱听的钢琴群《献给爱丽丝》。

"雅萱，**购买期货切忌满仓交易**，要根据自身情况，如，购买资金的多少、所购买的产品在期货市场中逆向波动的最大幅度及调整幅度的概率等做出合理的仓位预计。在期货交易中投入的资金不要超过保证金的一半，最好不要超过 1/3，这样能够降低购买期货的风险。"小欣边说边用纸巾擦了擦嘴角的咖啡渍。

"小欣，对于期货中的价格波动，我应该采取什么措施呢？"我闻着拿铁浓浓的味道对小欣说。

"雅萱，价格波动比较小的期货产品适合做长期投资，价格波动比较大的产品适合做短期投资。对于初入期货交易领域的初级者来说，选择一家好的期货商或许是一个好的降低风险的方法。通过与期货商不断地交流，获得更多的投资方法。同时，要时刻保持不断学习投资的理念，不断实践。最初，要从购买小单入手，有经验后可再加大持仓量。"小欣用手拨了拨额前的短发。

"小欣，我同事小张说什么要设定'止损位'，是这样的吗？"我喝了一口苦中带甜的拿铁。

"是这样的，雅萱，设定止损位，到止损位坚决平仓减少损失，这样可以避免由于仓位太重而发生大亏或者资金不足被平仓的风险。炒期货要遵循'逆市交易风险，顺势而为'的原则。在市场明朗时，不要轻易触底或者抄底，逆市开仓，当行情急转直下，要及时止损，不要逆市加仓。"小欣说到这，手机响了。

"雅萱，不好意思，我接个电话。"小欣用手划了一下接听键。

"雅萱，今天不好意思，公司项目负责人打电话，要赶进度了。今天咱们就先聊到这吧，我还得回趟公司做融资方案。"小欣急匆匆地说道。

"好的，今天听你说了这么多，对期货理财的了解更进一步。谢谢！"我对起身要走的小欣说道。

"别客气，有什么理财需要咨询的可以给我打电话。雅萱，你要记住，期货市场有自己的规律，只有更好地掌握了期货市场防范风险的策略，才能更好地在期货市场上逆市前行。"小欣边走边扭头对我说道，挥了挥手，示意她先走了。

规避黄金投资风险

周五刚下过雨，天空中飘起了朵朵白云，有像蘑菇的，有像棉花糖的。这好天气，我决定周六去商场买黄金首饰，夏天好搭衣服。

周六赶了个大早到了"城市风尚"，这里的黄金柜台早已人满为患。各种黄金首饰琳琅满目，让我看花了眼。

"小姐，这款黄金项链多少钱？"我拿了一款细沙黄金项链问服务员。

"你好，这款项链售价 2 800 元。细沙项链，流行款。"服务员对我很耐心地说道，并没有因为有很多顾客显得不耐烦。

"这款很适合你，买下来吧！女人就应该对自己狠一点。"耳边响起了熟悉的声音，我抬头一看，原来是小欣。

"小欣，你也在这啊！今天怎么也过来看黄金饰品了？"我拿着手中的这条细沙黄金项链对小欣说道。

"是啊，我过来看看国内黄金的走势。顺便挑一条项链。之前的那条有些过时了。"小欣指着脖子上带着的那条黄金项链对我说道。

"是啊，原来流行粗款黄金项链，现在就流行细沙款了。首饰就是这样，每年总在变。"我看着小欣脖子上带着的那款粗黄金项链说道。

"小欣，购买黄金也有投资理财的作用吧？"我把手中的细沙黄金项链还给了售货员。

"雅萱，投资的黄金可不是这种首饰黄金，一般是指金条或者纸黄金。"小欣看着柜台里各种黄金项链对我说道。

"小欣，购买黄金投资理财，应该怎样做才能更好地规避风险呢？"我让售货员拿了一个小兔子形的黄金项坠。

"雅萱，'书中自有黄金屋'，黄金自古就作为有价值的金属受到很多人的珍藏。黄金不仅具有饰品的价值，并且具有一定的投资价值。购买黄金进行投资，要注意这么几点。"小欣说到这里清了清嗓子。

"小欣，咱们坐在旁边的座椅上慢慢说。"我拉着小欣的手走到商场的休息座椅上。

"首先，很多人一提到黄金就想起金耳环、金戒指等，这些黄金饰品虽然本质是贵金属打造而成，但是黄金饰品的价格并不是纯金的价格，这里面还包括人工的价格。因此，**投资黄金最好不要投资黄金饰品**。投资黄金，可以关注金条、金币、金块等实体黄金，也可以关注黄金股票黄金理财账户等无形黄金。对于购买实体黄金一定要选择著名的黄金制造企业锻造的金条，因为通常这种大公司的金条有良好的质量保证。同时，要注意保存好封条证明，对于金条编号纯度标记及生产公司等信息要留底。如果对于金币感兴趣可以投资一些金币，价格不贵但升值潜力较纯金稍大。"我和小欣坐在"城市风尚"的休闲椅上聊了起来。

"小欣，是不是购买黄金也分时机呢？"我顿时觉得可能商场里空调开得太大了，有些冷。

"雅萱，对，购买黄金也要把握好时机。由于纸黄金的风险较低，没有杠杆效应。因此，在购买纸黄金的时候要买涨不买跌。如果在价格下跌的时候买入，资金很有可能被套牢。"此时，又一波购买黄金饰品的"中国大妈"涌入了"城市风尚"。

"小欣，关于炒黄金是不是也与炒期货一样需要建立止损点呢？"我看着这帮抢购黄金饰品的"中国大妈"感到很惊讶。

"对，**炒黄金也要与炒期货一样，建立有效的止损点**。一旦达到止损点，就要尽快撤出，避免资金被套牢。与此同时，要建立正确的加仓方法。例如，金字塔加仓方法。建仓最好不要超过总投资额的30%。雅萱，你看，这帮'中国大妈'是多么热衷于炒黄金啊！"小欣指着对面黄金柜台上的"中国大妈"说道。

"是啊，百闻不如一见。这回看到'中国大妈'的实力了。"我竖起了大拇指。

"哈哈，雅萱，做黄金投资要密切关注汇率市场与股市市场行情。通常汇率市场和股市市场与黄金市场之间存在一定的联系。人民币升值，纸黄金可能升值速度放缓。股价暴跌时，金价可能上涨。这些关联都要在实战中细心观察。""中国大妈"把黄金柜台围得严严实实的，外边的人很难进入。

"小欣，这人这么多，要不我们去下面喝杯咖啡，怎么样？"我看见买黄金几乎无望，对小欣说道。

"好。我看我们也抢不过这帮'中国大妈'们了。喝杯咖啡也好。雅萱，对于投资黄金的理财女，一定要谨慎，目前投资黄金还存在一定的风险，散户炒黄金赚钱有一定的难度。因此，在黄金市场要保持适度的投资热情。"小欣说完起身，拿起了包，准备去喝咖啡。

"嗯。"我点头示意。两个人一边说一边笑。

小结

1. 对于投资组合，要两方面兼顾，一方面要关注资金的流动性；另一方面要关注所投股票或基金的成长性。股票投资要做到"三不比"，即不与他人比投资收益，不与其他股票比涨幅，不与整个市场比涨幅，小富即安便可。

2. 在进行债券投资之前，要对被投资的公司的基本情况有一个大致了解。为了规避债券的利率风险，应当尽量配置长短期不同公司的债券组合。

3. 购买保险要避免从众心理，并且在购买保险理财产品之前，务必对投保说明仔细查阅几遍。

4. 对于风险股票投资来说，风险发生在股票的高价区、因此，在股票一直很高的情况下要注意防范股票风险。对于进行短期操作的股民来说，股票市场的波动性较大，短期股票更要关注国际市场的变化，特别是一些市场突发事件和国际政治波动对于股市的影响，提前卖出，减少损失。

5. 期货投资不妨选择一些专业的公司进行运作。购买期货切忌满仓交易。

6. 投资黄金最好不要投资黄金饰品。炒黄金要建立有效的止损点。

财女变身记之九——如何做一个优雅的理财女

女人一定要有赚钱的看家本领

已经有一个月没联系闺密小英，这家伙天天沉浸在二人世界里，把好姐妹都忘光了。这样下去，友谊的小船说翻就翻了。我决定当机立断，给小英打个电话。

"小英，这么长时间了，也不给我打个电话，光知道黏着男朋友。"我带着一丝责备的语气对小英说道。

"姐们，最近不是总加班吗，男朋友周末约着去看电影。真是比不谈恋爱的时候还忙。我以咱俩 10 多年的姐妹情谊保证，我绝对没有有意不搭理死党。我保证。"小英说话的口气像个 10 多岁的小姑娘受了责备说的话。我在电话这头傻笑。

"好，这周六下午，叫上小巧，我们一起去'鸿明茶楼'喝茶。这是我新发现的一个具有休闲格调的茶楼。安静优美，是适合我们姐妹聚一聚的好地方。"我边说边嗑着喜欢的"洽洽瓜子"。

'鸿明茶楼'真是个闺密聚会的好地方，室内装修风格如小桥流水般，枯藤老树枝蔓爬满了墙壁。这里安静而美好，柔美的笛箫声萦绕在耳边。周六下午 2 点，我们姐妹三个都到齐了。

"小英，你这天天围着男朋友转，要不要我们姐妹的友谊了？"我一见到小英就开始数落她。

"哪啊，我这不是忙吗。公司这段时间赶上了忙季，都抽不出空来聚会。姐妹的友谊，我时刻铭记在心。"小英连忙用道歉的语气说道。

"小英，你看人家小巧，结婚了，也没整天围着老公转啊。你这点出息哪里去了？"我接着数落小英。

"雅萱，你要体谅一下小英，毕竟她刚谈恋爱，恋爱中的女人智商为零，这个是可以理解的。我这是结婚多年了，激情早已没了，现在每天只是平平淡淡地过日子。"小巧为小英解围。

这个时候服务员端上来一壶上好的碧螺春，茶具也上全了。我们开始喝茶。

"雅萱，小英，现代家庭婚姻危机四伏，家庭主妇逐渐失去了市场，手心向上要钱的滋味不好受。因此，女人一定要有赚钱的看家本领，这本领可大可小，大到创立一家自己的上市公司，小到开一家自己的面包坊。**只要是靠自己的双手挣的钱就是有价值的。女人用双手挣钱代表了自己独立的人格。**有着独立人格的女性都有自己的朋友圈，人格身心才更健康。女性要记住，感情是把心交给别人掌握，但是赚钱才能牢牢把握自己的人生。"小巧说完喝了口香气四溢的碧螺春。

"对，我同意小巧的观点。现代女性，如果月收入不菲，会开车，打扮时尚，钱包时刻鼓鼓的。我相信，即使没有男人也能过得很潇洒。这样的女性始终是自信的、美丽的、充满战斗力的。小巧，这茶味道怎么样？"我也小抿了一口碧螺春，具有绿茶醇香的厚重感。

"这碧螺春喝完满嘴茶香，味道不错。雅萱，小英，女人在青春美丽的年龄，如果还有会赚钱的看家本领，那么一定会让男性刮目相看。并且在这条辛苦但充实的赚钱之路上才能遇见更好的另一半。贫穷夫妻百事哀是不争的事实。女人有钱家庭才能更幸福。"

"对，你说得对。女人并不是要求你赚钱没有底线，而是说靠自己双手赚到有能力想买自己想要的东西，并且能够自己养活自己就很好了。拥有独立赚钱的看家本领的女性最美。"小英一手端起茶杯，一手托着茶座说道。

三个人在好听的笛箫声中品着绿茶，谈论着女人赚钱的看家本领。

学习经济知识是理财的必要利器

下班后，在公司吃了晚饭，暂时没有回家，而是跑到了书店，看看经济方面的书籍。没想到，一到书店，人很多，感叹现在喜欢读书的人还真不少。我看看了书店的指示牌，经济书籍在三层。于是，我坐扶梯来到了三层。

三层整整一层全部是经济类的书籍，让我犯难，也不知道应该买哪本好。这个时候，我隐隐地看到前面隔着两个书架处似乎有个熟悉的身影。好像是小欣，没错就是她，习惯穿一身深蓝色的职业西装。我径直走向小欣。

"小欣，真巧，你也在这里。今天过来看经济类的书啊！"我对小欣说道。话一说小欣好像有些吃惊，可能是看书太投入的缘故。

"哦，雅萱，真是巧。对，我下班过来看看有没有好的关于金融方面的书。最近有一个融资项目，需要补充点儿金融知识。"小欣边拿着一本《金融学》边对我说道。

"小欣，你是边工作边学习啊！"我右胳膊挎着一个小包，左手在翻看一本《经济学》。

"雅萱，在实践中学习是最好的，碰到了问题，可以再回到书本中找答案。"小欣边说边把《金融学》放回书架上。

"小欣，你说像我这样的理财菜鸟，需要看些什么理财书籍比较合适呢？"我对小欣说道。

"雅萱，经济学与其他学科一样，有着自己的规律，要想懂得这些规律就必须懂得学习经济学知识。**作为一名理财的高手，金融学经济学会计学与财务管理等经济学知识肯定要烂熟于心。**如果没有经济学知识，就不清楚为什么通货膨胀时会提高银行存款准备金，对理财将产生什么样的影响。因此，理财女就要学习一定的经济学知识。你现在手上拿着的这本《经济学》就挺不错的。"小欣从我手中拿过《经济学》翻了几下之后对我说道。

"小欣，像我这样直接从学习《经济学》入手，是不是有些像爬楼梯一样，直接迈过一层楼梯，从二层开始爬，会不会觉得有些吃力呢？"我接过小欣递过来的这本《经济学》说道。

"雅萱，学习经济学知识可以从学习简单的《经济学原理》开始，然后再买些销量较好的理财书，也可以去图书馆借一些《金融学》、《投资学》

方面的书籍学习。这些书籍可以告诉你基金股票对冲货币经济学方面的金融知识，并且还可以教会你怎样开户，怎样看股票走势图，将一些理论应用到理财的实践中。比如，波浪理论、箱体理论、道氏理论等。"小欣边说边走向旁边的一个书架。这个书架上装满了金融学案例方面的书籍。

"小欣，除了这些理财书籍外，有什么好的理财网站推荐吗？"我跟着小欣也站到了旁边的这个书架旁。

"雅萱，在掌握了一定的经济学知识后，可以投资一些理财产品进行实践。边理财边学习。**你可以多关注一些专业的财经网站和博客。例如，华尔街网站、天涯长投、叶檀博客等。**虽然这里面所谓专家的预测并一定十分准确，但是他们的结论都是经过严密的逻辑分析出来的，将有益于你对当前经济形势及经济学原理有更深入地理解和认识。"小欣说完这些，从书架中抽出一本《金融学五百强案例解析》。

"小欣，对于想投资一个行业的理财菜鸟，应该怎么学起呢？"我顺手从书架上拿了本《金融并不枯燥》翻看了起来。

"雅萱，刚开始理财的女性如果想投资哪个行业，最好的方法是寻找那个行业的资料，例如公司报表行业形势政策等。只需对一个行业进行深入了解就够了，不需要盲目地撒网式投资。多看一些财经新闻。例如，新浪财经和21世纪经济报道等都将有助于你做出正确的投资决策。这本书不错，是我想买的书。"小欣说完，把这本书用右胳膊夹住，左手继续翻看其他金融书籍。

"小欣，看来这个书架里有你想要的东西。"我朝着不断翻阅金融书籍的小欣说道。

"对，这个书架对我来说就像发现了新大陆一样。雅萱，在学习经济学知识的同时，不要忘记和周围做投资理财的朋友多交流。俗话说得好，'三个臭皮匠，顶个诸葛亮'，在交流的过程中也许就能碰撞出智慧的火花，何乐而不为。今天就先买这本《金融学五百强案例解析》吧！等看完了这本，再买其他的。毕竟，一口不能吃出个胖子，你说呢？"小欣向我征求买书的建议。

"对呢，循序渐进才是王道。我也买本《金融学并不枯燥》，这本书看上去挺有意思，比较符合我这种初级金融菜鸟的口味。走，小欣，我们一起去结账。"我拿着这本刚刚看中的《金融学并不枯燥》，拉着小欣走向付款台。

不做金钱的奴隶

下班回家，拿着超市购物袋去超市买菜。芹菜、茄子、西红柿买一堆，差不多够我吃上一个星期了。自己做饭，不仅卫生还省钱。我拎着一大袋"战利品"走出超市，外面炎热的天气让我感到很闷。

"雅萱。"一个声音远远地从后面传了过来。

"原来是你啊，小巧。"我转身看见了小巧提着一兜子刚从超市买的东西喊我。

"没想到你也来超市买菜。"小巧对我在超市买菜感到很诧异。

"我很早以前就开始自己做饭了，冰箱里没菜了，我就会下班到超市买一点儿。现在每天自己做饭，我的厨艺提升很快，要不到我家来吃晚饭吧！"我对小巧的不解这样回答。

"谢谢！不用了。我儿子还在家等着我做他喜欢吃的'油炸带鱼'呢。"小巧对我的邀请表示感谢。

"小巧啊，这'当一天和尚撞一天钟'成为上班族每日的生活写照。每日迎着朝阳上班，披星戴月下班。谁不是为生活所累，谁不想休闲片刻。但是，城市中匆忙的脚步无时无刻地都在告诉人们，这个城市歇不下来。凌晨写字楼灯火通明的加班一族，早晨匆匆挤地铁的城市青年，每个人都为挣钱忙碌着。"我和小巧住的小区离得很近，边走边聊。

"是啊，城市一族在忙碌奔波的工作中逐渐迷失了自我。我们公司的小吴就是这样，她白天忙工作，晚上也想着生意上的事情，渐渐地患上了失眠症。虽然生意越来越有起色，但是夜不能寐的滋味只有自己知道。"小巧感叹地说道。

"我很羡慕邻居悠闲自得的生活。比如，周末想出游就出游，想看个电影就看个电影。而这些对我们来说简直是一件奢侈的事情。生意上合作伙伴的应酬、事务上的安排已经把我搞得精疲力竭。有时想放弃这一切，但是为时已晚，确实回不去了。"我说着叹了口气。

"雅萱，**要知道这个世界永远是'欲速则不达'，一切为钱而活是一种扭曲的心理**。没错，我们是要靠自己的双手劳动去挣得自己该挣的钱，但是也要适度地降低幸福的标准，不可为了赚钱而活。面对金钱，应保持一颗平常心，知足常乐，在赚钱的同时也要学会享受生活，这才是人生的真谛。"小巧扶了扶要被风吹掉的太阳帽对我说道。

"是啊，你说得很对。"我对小巧的观点表示赞同。

"雅萱，赚钱是生活的过程，追求人生幸福才是生活的目的，生活中具有大智慧的人，不是赚钱的苦行僧，他们不为金钱所累，会有张有弛地追求财富和幸福，绝不做金钱的奴隶。因为他们懂得比金钱还贵重的是感情健康和青春。"我听着小巧说的这一席话，仿佛感觉是一个知心大姐姐站在我旁边，为我指点迷津。

"对，追求幸福是目的。"我对小巧竖起了大拇指。

"雅萱，真正的财富不在于腰缠万贯，位高权重，而在于生活得真实，在于自己创造的社会意义和社会价值。**永远不做金钱的奴隶，要追求快乐的生活**。"小巧微笑着对我说。这一路上，两个人通过谈话碰撞出的理财火花，仿佛能够点燃天边的那片火烧云。

经济独立就是爱自己

周末约好小英和小巧一起去"城市风尚"买夏季的衣服。总说女人衣柜里永远缺少一件衣服，可不是吗，翻箱倒柜总觉得夏天的衣服不够穿。没想到，小英和小巧也和我是同样的想法。三个人一拍即合，周六"横扫"商场去！

我们选择在周六的上午去"城市风尚"购买夏季的衣服，避免下午天气的燥热造成购物不悦。周六上午三个人都很准时，9点就来到了"城市风尚"。这个周末来对了，"城市风尚"应季衣服正在搞促销活动，我和闺密们像是发现了宝藏一样，涌进了抢购的人潮中。

经过一个小时的"战斗"，我们三个每个人手上都拎了不少购物袋。满满的收获感。已经"战斗"一个小时的我们，实在是"战斗"不下去了，找了一家名叫"贡茶"的冷饮小店，点了3杯珍珠奶茶。

"我们三个今天没白来，这个夏天不愁没穿的了！"我喝了一口珍珠奶茶，实在是太解渴。

"对啊，我们都买了那么多，恐怕这个夏天都穿不完了呢。"小英笑呵呵地说着，边说边看自己选的几件"战利品"。

"**经济独立是这个时代女人身上的标签。**女人靠男人养活的时代已经一去不复返了。女人经济必须独立是现实的铁律。"小巧看着这一堆新衣服，斩钉截铁地说道。

"现实让女性朋友清醒地认识到经济独立是必需的，是爱自己的表现。很多女性朋友在结婚之后，做起了全职太太，如果丈夫是大男子主义者，渐渐地家庭地位就会被削弱，顶不起半边天了。很多家庭主妇都有自己的难言之隐。她们不是败给了生活，而是败给了自己。**女人只有经济独立了，才能享有更多的按照自己意愿生活的方式，才能拥有不断充实自己的资本。**"

"不是我不理解，是这个世界变化太快。谁也不能保证当初亲自把钻戒戴在手上的那个男生是否现在还爱你如初。你们的婚姻会不会经历七年之痒，现在看来，更多的是三年之痒。女人可以把心爱的男人当成精神依靠，但绝不能作为经济支柱。长期饭票或许是一个虚掩的陷阱。女人只有经济独立，才能不依附于男人，才能生活得更有底气。拥有财富的女人是自由的，不会被男人控制，如果哪天男人惹你生气，你可以甩手而去，去逛街、做美容、健身，不用整天围着眼前的男人团团转。这样的生活是每个女人值得拥有的。你们说，对吗？小伙伴们。"小巧边说边用右手托着腮帮子，右手无名指上那颗钻戒闪闪发光。

"对啊。那些拥有财富的女性，哪个不是丈夫的助力呢？女人要想成为一个合格的妻子、一个家庭的港湾就必须拥有经济上的独立权。经济独立的女人最美丽。"小英边用吸管喝着珍珠奶茶边说。

在"贡茶"小店休息了半个小时，夏季炎热的感觉消下去一点，为了避免夏季中午的热浪侵袭，我们三个人果断拎起购物袋准备回家。

做好一名管家婆

最近新购买的一双皮鞋开胶了，当时买这双鞋的时候，店员承若"终身保修"，趁着周末有空闲工夫，我来到商家要求修鞋。

"您好，我这鞋开胶了，你们当时卖的时候承诺给修的。"我对着皮鞋店的售货员说道。

"对的，您带备用鞋了吗？这鞋我们给您修一下。"售货员服务态度很好。

"带了，我先换上这双鞋，您给我修下这双。大概多长时间？"我边说边换备用鞋。

"很快，大概一个小时吧！"服务员说完拿走我换下来的鞋，转身走到电梯里，大概是去找商场专门修鞋的售后去了。

我一个人无聊地开始逛"城市风尚"。不知不觉来到了儿童游乐区。看着天真的孩子们玩得那么开心，回忆起了童年的美好时光。

"咦，雅萱，你怎么在这里？"背后一个声音传到了我耳朵里。我扭头一看，原来是小巧。

"是啊，小巧，今天在这能碰上你，还挺巧的。我过来修一下我的皮鞋，你呢？"我对着满脸喜气洋洋的小巧说道。

"周末还能干啥，陪孩子到'游乐城'来玩了。你看，那边滑梯上的是我儿子，玩得多开心啊！"小巧边说边向我指了指滑梯上一个穿着蓝精灵短袖的小家伙。

"啊，这个小家伙已经滑了几个来回了呢。看他那开心的样子，真是可爱！"我看着正好滑到滑梯正中间的小家伙对小巧说道。

"是啊，在家不仅要管好孩子，还要管一个大家庭，里里外外的，很不容易。"小巧感叹道。

"小巧，你在家完全是一名管家婆的角色啊！怎么才能做好一名管家婆呢，我向你取取经。"我问小巧。

"雅萱，不成家不知道柴米油盐贵。像你这种在成家之前，还是要了解一些怎样做好一名管家婆的理财知识的。"小巧说着从包里拿出了一瓶水，准备给玩累了的儿子喝点水。

"是啊，小巧。我们姐妹三个，小英虽然是在谈恋爱，但是还没成家，她对于管家婆如何理财也是一知半解。我就更不用说了，单身，对于管家婆根本没有一个清晰的概念。你就给我介绍介绍你做管家婆的经验吧！"我对着全神贯注望着儿子的小巧说道。

"好的。雅萱，**你成家之后不要做黄脸婆，要做管家婆**。管家婆合格不合格，全靠你是否懂得一定的理财知识与理财技能。我先给儿子喝些水，一会儿过来给你慢慢讲。"小巧说完这句话，拿着一瓶水走到"游乐场"的围栏边，叫儿子下来喝水。她们母子边喝水，还边说了一些话。大概是小巧怕儿子摔了，叮嘱他注意不要爬得太高。

"雅萱，我来了。关于做好管家婆这件事，我是有点经验的。首先，管家婆要养成每天记账的习惯。记账可以使用专门的 APP，轻松又方便，目的在于掌握资金的动态流向。做到'计划消费'。每个月看看哪些钱必须花，哪些钱可以节约，做到合理消费。管家婆做好财务总管的主要任务之一就是要给家庭'强制储蓄'，积少成多，聚沙成塔，讲究的就是储蓄的作用。除了储蓄，管家婆还要准备一定的'备用金'，以备不时之需。一般而言，家庭'备用金'的数额根据每个家庭不同的开销水平而定，最好不少于 6 个月的正常开支。"小巧说着擦了擦脸上的汗。

"小巧，你光顾着给你儿子喝水了，也不见你自己喝口水。这天气太热了，看孩子不容易。我这正好有一瓶没有打开的矿泉水，你先喝点吧！"

我从包里拿出了早上刚买的一瓶矿泉水给小巧递过去。

"是啊，出门的时候光想着给孩子带水了，忘了给自己带了。谢谢，还真是感觉有些渴了。"小巧接过我给她的水感激地说道。

"别客气，管家婆也要注意身体啊，大热天的，不喝水就脱水了。很容易中暑的。"我劝小巧多喝水。

"是啊，言归正传，其次，作为一名管家婆应当把家庭理财的目标定位为'快乐自由'。即不要一门心思只想着'储蓄'，要在保证正常的家庭娱乐与休闲的基础上去考虑家庭理财的事情。把生活安排得妥妥帖帖，毕竟家庭是建立在两个人深厚的感情之上，而为感情投入的花销是值得的，两个人的感情是多少钱都换不来的。管家婆在巩固培养家庭感情之余多思考一些，怎样的房租和交通组合更加省钱，怎样合理花销零花钱，这都是勤俭持家的好习惯。"小巧说着望了望正在愉快玩耍的儿子。

"妈妈！"远处的儿子开始叫小巧过去。可能是玩累了，要回家了。小巧转身走过。母子俩简单地交流了一会儿。

"雅萱，我得先回去了，儿子吵着要回家喝绿豆汤呢。总之，**成为一名合格的管家婆需要从建立日常家庭理财习惯开始，逐渐做到从家庭理财的高度支配花销，这样理财会逐渐成为你生活中的一种乐趣**。今天天气实在太热了，连儿子玩耍的时间都比平时短了半个小时。"小巧边给儿子用扇子扇风边对我说道。

"是啊，昨天天气预报说有高温预警呢！"我对扇风的小巧说道。

"这么高温度啊，昨天忘记关注天气预报了。我不和你说了，我得先回家了。"小巧给了我一个再见的手势，领着儿子转身走了。

"好的，我也得看看我这鞋修得怎么样了。"我看了看手表，一个小时也差不多过去了，于是转身走向鞋店。

理财是循序渐进的事儿

端午节小长假，本想约闺密小英和同学小巧一起去游山玩水，无奈一个要陪男朋友看电影，另一个要在家看孩子。我只好给小欣打了一个电话。

"小欣，下周的端午节小长假，你是怎么安排的啊？"我下班后在家无聊，很想找个人在端午小长假去玩玩或者健身也行。

"雅萱啊，端午节暂时没安排。怎么，你想约我一起打球吗？"小欣似乎猜到了我给她打电话的目的。如今姐妹三个，只有我还单身，恰巧小欣这个职场"骨干"也和我一样天天忙得顾不上找对象。现在看来只有我和她能玩到一起去了。

"小欣，你怎么一猜就对呢？我俩心有灵犀？呵呵"我对小欣在电话里调侃道。

"没准是。呵呵"小欣在电话里咯咯直笑。

"对了，我端午小长假想邀请你一起去朝阳体育馆打羽毛球，你看怎么样？有时间吗？"我把打电话的目的直接说出来了，一点也不绕弯子。

"好啊，我端午也发愁去哪里玩呢，在羽毛球馆打打球也不错。"小欣欣然地答应了我的邀请。

"好，周六正好是端午节假期第二天，周六下午 3 点，朝阳体育馆见。"我简短地说道。

"好。"小欣答应得很干脆。

"对了，打完球，也差不多到晚饭时间了，我请你到安妮餐厅吃意大利面，怎么样？"我对小欣的邀请附加了吃饭的请求。

"好啊，谢谢，小欣，你不会是又有什么理财的问题要咨询我了吧！"小欣带有天生的职业敏感性。

"哪里，就是顺便吃个饭，聊聊天。没有什么问题请教。"我很真诚地对小欣说道。

"哦，没事，有什么问题你尽管问好了。"小欣对于我的理财咨询已经习惯了。

"好，谢谢，那周六下午 3 点见。"我欣喜地说。

"好。我肯定准时到。"小欣这个承诺从来没有食言过，毕竟是金融职业出身，分秒必算，出不了差错。

"好的！"我愉快地挂了小英的电话。

大概是因为端午节小长假，人们都出去旅游的原因，在羽毛球馆打球的人不是很多。场地很空旷。我和小欣穿着运动服，开始了激烈的打球。

天气太热，打了一个小时羽毛球，觉得浑身是汗。于是，我提议去安妮餐厅吃意大利面。大概小欣早已疲惫，满口答应。

安妮餐厅里也只有几个顾客，可能是因为这里是 CBD，平时人多的时候只有周一到周五，所以安妮餐厅显得有些冷清。我和小欣点了两份意大利面和两杯咖啡，坐了下来。

"雅萱，你是什么时候开始关注理财的呢？"坐在对面的小欣看着我对理财这么感兴趣，于是问了一个问题。

"哦，我也是最近一段时间才开始关注理财的。没办法呀，北京生活压力大、成本高，只能自己给自己理财才能应付城市的生活啊。"我喝了口拿铁，还是熟悉的味道，苦中带甜。

"雅萱，像你这种理财女在年轻的时候多关注理财，多实践，**在若干年后必然与不关注理财的理财女钱包会有一定的差距，这种差距将直接影响以后生活的质量**。理财女每年相差一个百分点的理财差距在 30 年后也会形成鲜明的对比。"小欣以一位资深理财师的口吻对我说道。

"对，小欣，你说的有道理。这理财也得讲究循序渐进吧？"我把拿在手里喝了一些的拿铁咖啡杯放在桌子上。

"对，雅萱，**理财的习惯不是一天形成的，而是循序渐进的，如果能够坚持长年去理财，那么你一定会形成一定的理财习惯并总结出敏锐的理财信息捕捉力和判断力**。有人说一个行为连续做 7 天就能形成习惯，理财也一样，一旦理上就会上瘾，钱包在自己的打理下也会越来越鼓。"小欣喝了一口拿铁，忘记给小欣点一杯她爱喝的卡布奇诺了。

"小欣，不好意思，我忘记你喜欢喝卡布奇诺了。"我不好意思地对小欣说道。

"没关系，喝喝拿铁，换换口味，也不错。雅萱，很多刚开始理财的女人一味追求高收益，通常采取激进的方式理财，这些都是不可取的，理财讲究的是保本投资，循序渐进。如果每月可以攒下 500 元，那么 30 年就可以理出 18 万元，相当于一辆大众朗逸的价格。循序渐进的理财讲究的是一个坚持。理财只有数年的投入，才会有大的收获。"小欣用勺子搅了搅苦涩的咖啡。

"小欣，这理财的各个阶段是怎么样的呢？你给我讲讲吧！"我正说着，两盘意大利面上了桌。

"雅萱，许多理财女在理财方面疏于研究，往往收获不大。理财专家也是一步一步走过来的。对于理财女来说，理财的初级阶段应当是'储蓄'，一方面由于没有太多的理财专业知识，应当是首先学习关于股票基金、国债等方面的入门知识；另一方面要提高自己的专业技能，争取升职加薪。这意大利面看上去不错。"小欣看着端上来的意大利面对我说道。

"是啊，他们家的意大利面可是我和小英最爱吃的呢。快点吃吧，打球都打累了。"我边说边用叉子叉了些意大利面放进嘴里。

"是啊，美食还是趁早赶紧享用啊。雅萱，理财的中级阶段是购买一些国债保险理财产品，如股票、期货等，这个阶段最好有专家进行指导，避免损失。此时，可以适当地关注一下房地产投资和古董字画珍藏。意大利面确实好吃，看来还是你会吃啊！"小欣满口夸这意大利面好吃，边吃边竖大拇指。

"要不我和小英总到这里来吃呢。肯定没错。"我说着又叉了些意大利面到叉子上。

"雅萱，理财女投资讲究的是多渠道投资，鸡蛋不要放在一个篮子里，充分规避投资风险。理财是一件让人身心愉悦，颇有成就感的事情。只有经过日积月累的理财实践，理财女才能循序渐进地获得足够的知识和经验，才能理财有专攻，成就自己的财富人生。"小欣说完这些，意大利面已经被她吃了一半，她又喝了口拿铁。

两个人在安妮餐厅吃得很尽兴，虽然天气炎热，但是健身和聊理财知识都有收获。

小结

1. 只要是靠自己的双手挣的钱就是有价值的。女人用双手挣钱代表了自己独立的人格。

2. 作为一名理财的高手，金融学经济学会计学与财务管理等经济学知识肯定都要烂熟于心，可以多关注一些专业的财经网站和博客。例如，华尔街网站、天涯长投、叶檀博客等。

3. 知道这个世界永远是'欲速则不达'，一切为钱而活是一种扭曲的心理。永远不做金钱的奴隶，要追求快乐的生活。

4. 经济独立是这个时代贴在女人身上的标签。女人只有经济独立，才能享有更多按照自己意愿生活的方式，才能拥有不断充实自己的资本。

5. 理财女成家之后不要做黄脸婆，要做管家婆。理财女成为一名合格的管家婆需要从建立日常家庭理财习惯开始，逐渐做到从家庭理财的高度支配花销，这样理财会逐渐成为你生活中的一种乐趣。

6. 在若干年后必然与不关注理财的理财女钱包有一定的差距，这种差距将直接影响以后生活的质量。理财的习惯不是一天形成的，而是循序渐进的，如果能够坚持长年去理财，那么你一定会形成一定的理财习惯并总结出敏锐的理财信息捕捉力和判断力。

财女变身记之十

——理财规划

各个年龄段的女性理财规划

　　周末连续加班，今天好不容易有个时间调休，本来想在周一好好睡个懒觉，无奈被银行的短信吵醒，昨晚睡得早，忘记把手机调成静音了。

　　迷迷糊糊地睁开眼睛，才早上 7 点，拿着放在床头的手机看了看，是一条催还信用卡还款的短信提醒。又快到了每个月还信用卡的时候了，银行好心地提醒，怎么总觉得有些浑身不舒服呢。看着日历表，明天就是发工资的日子了，信用卡是后天还，总算是缓口气。

　　看到银行这条还款提醒，顿时睡意全无，从床上爬起来，匆匆洗了个脸，开始自己做起早餐。先用煮蛋器煮上一个鸡蛋。然后用微波炉热了热牛奶，面包机烤了两片面包。

　　我边哼着歌边做早餐，一天的精神从做早餐开始。大概 15 分钟，3 个步骤同时进行，陆续地鸡蛋也蒸熟了，牛奶也热透了，喷香的面包也出来了。我边哼歌边把早餐摆上了餐桌。从冰箱里拿出了一些昨天刚买回来的美国大樱桃，摆上果盘。开始慢慢享用这美好的早餐时光。

　　我边喝牛奶，边拿出一本理财杂志看了起来。随手翻到一页，正好讲述了关于女性理财变化的故事。这位故事中的女主人公，从 20 多岁的理财菜鸟，经过 10 年的理财知识积累，逐渐有了相当大的一笔理财收入，从而可以自由自在地周游世界，把生活过得丰富多彩。这是一个多么励志的故事啊！边看边吃了一口刚刚从面包机里新鲜出炉的全麦面包。

　　看完这篇故事，感受到主人公实在是太会理财了。为了更好地懂得女性如何阶段性地理财，我拨通了小欣的电话。

　　"小欣啊，你今天上班忙吗？"我嘴里还有一片没嚼完的面包片，边嚼边说。

　　"还好，今天客户过来咨询得少。怎么今天都这个点了还没去上班，还在家里吃早饭？"小欣在电话里听出了我吃饭的声音。

　　是啊，今天我倒休，所以大早晨起来，就犒劳了一下自己，给自己做了一顿丰盛的早餐。你要是看见我做的这顿早餐，保你会馋得直流口水呢。"我对我做早餐的水平一直很满意。

"原来是这样，我说你怎么在这个点边吃早饭边还给我打电话呢？"小欣那头电话里除了她说话的声音，几乎听不到任何声音，这足以说明小欣今天咨询理财的客户不多，我可以放心地去找她咨询理财的事情了。

"我 10 点到你那儿，你提前准备好。别放我鸽子。"我对小欣边说边喝了口牛奶，没想到这牛奶从微波炉里热出来都过了一分钟了还这么烫，舌头被这热牛奶给烫着了。

"好的，雅萱，我 10 点在办公室等你。"小欣爽快地答应了。

"好的。"我挂断电话，剥开了鸡蛋。

上午 10 点，我准时到了小欣的办公室。小欣的办公室是一间说大不大、说小不小的房间，但是格局看上去是经过精心布置的。鲜花放在了会客桌上，和鲜花一样耀眼的是一盘水果拼盘。办公室窗台上养了一盆绿萝，那绿油油的叶子看上去像刚发芽的一样鲜嫩。

"小欣，你办公室布置得这么精心。美极了。"我感叹道。

"谢谢，雅萱，你今天来，主要想咨询哪方面的理财问题呢?来，先吃点儿水果。"小欣说着，把水果拼盘端到我面前。

"谢谢，小欣，我今天主要想咨询一下，像我这样的在人生的各个年龄阶段应当怎样理财？"我说完，用牙签扎了一块西瓜，吃了起来。这西瓜不仅水分很多，而且还很甜，把我一路过来的热感全给赶跑了。

"雅萱，女大十八变，各个阶段的女性理财方式不同。**各个阶段的女性面临的生活环境和自身的经济能力都不相同，因此，在各个年龄阶段，女性的理财也应当有所侧重。**你说的这个不同年龄段理财方式的不同是我极力赞成的。来，吃个樱桃，这是朋友从美国带回来的，味道很甜。"小欣说到这里，从果盘里拿了几个樱桃放在我手上，她自己也拿起一个樱桃吃了起来。

"谢谢，果然很甜呢。我早上也吃的美国大樱桃，为什么没有你这个甜呢？"我好奇地问小欣。

"人品问题。"小欣调侃地说道。

"瞎说。"我回了句。

"哈哈，开玩笑。雅萱，你是第一个问我各个年龄段的女性应当怎样理财问题的人。"小欣边说边转了转她的旋转座椅。

"过奖了。"我坐在小欣办公室的沙发上说道。

"雅萱，那我慢慢给你讲。20～30岁，理财女实现了从大学毕业到轻熟女的转变。此时的理财女，初入职场不久，很多人还没有摆脱'月光族'的队伍。辛苦加班赚来的钱，在超市商场刷一刷卡就没了，无奈只能成为'信用卡'的卡奴。日子过得辛酸但是很开心。想让钱赚钱，无奈积蓄太少。这个阶段仍要注意'储蓄'的蓄水作用。雅萱，多吃点儿西瓜，天气热。"小欣说着把果盘推到我面前，示意我吃块西瓜。

"谢谢，我自己来。小欣。"我对小欣表示感谢。

"好的，那我就不催了。雅萱，在20～30岁这个阶段的单身理财女，选好老公也是大的投资，俗话说'男怕入错行，女怕嫁错郎'。婚姻是这个阶段女性的一项人生投资。女人已经够累的了，找个不省心的老公，生活只会更累。婚姻这个处理好了，就是你最大的财富；反之，则是你最大的债务。这个年龄段的理财女一定要做好理财规划，为婚姻储备干粮。"小欣说着拿了颗樱桃对我说道。

"小欣，那30～40岁的女人应当怎样理财呢？"我边吃着西瓜边问。

"雅萱，30～40岁，理财女很大一部分已为人母。这个时候理财女会背负房贷车贷，生活逐渐有压力。这个时候为了孩子的教育准备基金是一项理财重点。及早为孩子教育支出理财能够减轻以后孩子上学开支的压力。这个时候，理财女要做好家庭风险规划，建立家庭风险基金，增加购买家庭保险。这个时候可以考虑购买一些激进型的理财产品。例如，开放式基金、外汇理财产品等，注意投资渠道的多样化。另外，教育基金是一个长期的投入过程，应当越早投入越好，最好在小孩刚上四年级的时候就开始进行教育基金的理财，进行教育储蓄。否则，起不到应有的作用。"小欣起身走到饮水机旁，倒了两杯水。

"雅萱，天气热，先喝点儿水。"小欣手里拿着两个盛满水的纸杯，把其中的一个递给我。

"谢谢！"我接过小欣递过来的水。

"雅萱，40～50岁，此时理财女将面对'4-2-1'的家庭模式，四个老人，小两口和一个孩子。上有老，下有小会给理财女带来很大的经济压力。此时，家庭支出应当作为理财女的理财重点。合理地支配家庭日常支出，保障家庭生活的稳定是重点。此时，规避家庭的风险性支出是必需的。建议风险型理财产品尽量少选择，多选择稳健型低风险的理财产品。此外，要根据家庭日常开支多少留足应急资金。"小欣边喝了口水边说。

"是啊，40～50岁是女性压力最大的时候了。"我也喝了口小欣给我倒的水，水温刚好合适，不冷不热。

"是啊，雅萱，50～60岁，理财女进入人生的悠闲阶段。子女上大学，家庭经济负担减轻，此时，可根据家庭情况，扩大理财投资，适度考虑房产投资。60岁以上，理财女已进入夕阳红。此时，健康是理财的首要目的，日常开销也会减少，享受生活的乐趣比研究如何钱省钱更为重要。这么快，都到11:30了。雅萱，你今天来，我请你到公司楼下的'绿茶'餐厅吃顿饭。"小欣起身，拿起包准备到楼下吃饭。

"不了，我下午刚好有点儿事，现在得赶紧回去了。今天谢谢你了！"我说着转身准备走出小欣的办公室。

"既然这样，我就不为难你了。有什么问题，我们多沟通。雅萱，理财女在各个人生阶段的实际情况不尽相同，但有一点是相同的，**那就是人生的黄金时期就那么几十年，在这几十年里你要不断地学习如何理财，才能在晚年生活中享受到理财带来的幸福感。**"小欣对站在门口的我说道。

"嗯。"我挥了挥手，和小欣告别，走出大门。

根据市场变化制订投资计划

夏季天气越来越热，胃口大不如冬天时好。做饭的心情也大打折扣。每天给自己做点儿绿豆粥，弄个小菜，第二天带到公司吃。同事们的午饭也都悄然发生了变化，都从油腻的改为清淡。粥逐渐成了主流。还有同事自己腌制的咸菜，像辣黄瓜条，吃起来很爽口。配着绿豆粥喝最美味不过了。

我做了喜欢喝的绿豆粥，从超市买了点腌黄瓜，中午带到公司吃。正好中午在公司的就餐间遇见了小张。这家伙也改变了口味，一贯的大鱼大肉不见了，全部都是素菜。

"小张，夏天你这口味也变淡了啊。"我拿着盒饭坐在了小张的旁边。

"是啊，为了夏天少长点肉，只有这么吃了！"小张边说边用筷子夹了根空心菜。

"是啊，都这样，最近我也迷上了喝绿豆粥。你看，我这腌制小黄瓜都准备好了。一起吃吧！"我说着把饭盒打开。

"你这小黄瓜看起来不错。"小张看着我饭盒里的腌制小黄瓜说道。

"是啊，夏天喝粥我的最爱。给你来点儿。"我用筷子给小张夹了几根腌制的小黄瓜。

"谢谢！雅萱，你最近忙什么理财呢？"小张看见我就想起了理财的事情，顺口问了一句。

"小张，我最近股票，期货什么都弄点儿。但是我发现，市场变化太快，我总是措手不及，很多好机会没有抓住，不能及时地制订计划。不知道你是不是也有这样的感觉？"我喝了口热腾腾的绿豆粥对小张说道。

"雅萱。你的状态和我刚做理财的时候一模一样。我也是从你这个时候走过来的。现在还摸到一点点投资理财的门路。投资市场风云变幻，唯一不变的是根据变化的市场制订变化的投资计划。**任何时候进行多元化投资都没有错**。将股票债券保险理财进行不同的投资组合，有利于规避风险。

另外，如果你的性格属于优柔寡断型，则不适宜进行激进式投资。你这小黄瓜很脆，还有点淡淡的甜味，很好吃，回头我也去超市买点儿。"小张边嚼着脆黄瓜边对我说。

"小张，那怎样根据变化的市场制订合适的投资计划呢？我得向你这不过来人取取经。"我看着小张碗里的脆黄瓜很快就被他吃光了，就又夹了一些到他的碗里。

"雅萱，你这算是要偷学我的'武功秘籍'了。"小张开玩笑地说。

"哪里哪里，学习才能进步嘛。这是借鉴，不是偷。"我呵呵地笑着说。

"雅萱，你是我同事，我也不想瞒着你什么。好东西要大家分享嘛。"小张又吃了块脆黄瓜，嘎吱嘎吱的声音听上去像一首清脆的乐曲。

"快说吧！"我已经迫不及待地想听听小张这个高手怎么应对理财市场的风云变幻了。

"雅萱，根据变化的市场制订投资计划是避免损失发生的关键。以股票市场为例，制订变化的投资计划可以参考以下步骤。首先，对多只股票进行好、中、差 3 种评定，目的在于根据评定购买多、中、少的股票数量。这样做可以避免因购买一只股票下跌造成的损失。同时，可以防止由于主观性导致的偏差。这小黄瓜拌着米饭吃也很好吃。"小张对小黄瓜赞不绝口。

"对呢。别小看我，我很会吃的。那第二步呢？"我抬起头看着吃着脆黄瓜入迷的小张说道。

"其次，每一只股票都要制定一个标准价格和一个浮动价差，当股票价格每跌落一个价差时，便买进一些，等价格上涨时再卖出。这种计划变化法只适用于股票价格变动较小的股票，一旦股票价格出现较大的波动，就要及时地调整买入和卖出计划。最后，股票投资一定要顺应大盘的整体趋势进行投资。大盘趋势向上则买进；反之，则卖出。对于股票短线投资来说，判断大盘走势难度较大，但长线投资一定要尽量准确判断大盘走势。"小张就着脆黄瓜把米饭吃了个精光，而他自己做的那盘空心菜却剩下许多。

"还是这个脆黄瓜下饭。雅萱，每个人在理财的过程中赚钱的方法一定是独特的。每个人理财的武功秘籍一定是自身经过大量的理财实践精心总结的。**如果不善总结，盲目理财，势必误入歧途，造成一定的理财损失。**总之，觉悟靠自己，成佛在自心。我这饭吃完了，要去刷碗了。下次聊。"小张起身便去洗漱间刷碗。

"好的。"我望着小张高大的背影回应道。

给工资做点儿理财规划

又到还信用卡的时候了，可是最近我手上的这张卡出了点儿问题，要亲自跑一趟银行。每个月一到信用卡还款的那几天，我的小心脏就怦怦直跳。

前来银行办理各种业务的人很多，我取了个号，没想到前面还有 30 多个号，看来是要等上一上午的节奏了。我从包里拿出了手机，还是刷朋友圈。

正当我聚精会神地看朋友圈一个朋友发来的去'马尔代夫'度假的照片时，一只手拍了我的右肩膀一下。着实吓了我一跳。我抬起头，原来是小欣。

"小欣，你也在这里啊？"我望着小欣，她还是穿着她习惯穿的那件职业装。

"是啊，今天来银行办点儿业务，没想到人这么多。看来只有慢慢等了。"小欣无奈地耸了耸肩膀。

"没关系，这不有我吗。我俩聊聊天，时间一会就过去了。坐我边上吧！"我一把拉过小欣的胳膊，示意她坐我旁边。

"是啊，有你聊天，时间过得肯定很快。雅萱，你今天来银行办什么业务啊？"小欣说完坐下来。

"我是来银行办信用卡修复业务的，上周我这张信用卡刷不了钱。今天过来让银行的人给看看是什么问题。"我拿出手上的这张信用卡，让小欣看看。

"这信用卡我也有一张,之前也出现过这种问题。后来到柜台,银行的人看一看,修整一下就又能用了。"小欣拿着我这张信用卡说道。

"是啊。还得他们弄。小欣,我每个月从发工资的那天起,第一周活得很嚣张,刷卡都不眨眼;第二周活得很潇洒,小聚会是常事;第三周很淡定,拒绝应酬;第四周很窘迫,靠信用卡度过剩下直到发工资的日子。你之前是不是也有同样的经历?"我对面前的这个金融理财女说道。

"是啊,刚参加工作那会,我过得和你一样很狼狈。后来,我找到了原因。雅萱,出现这种现象的很大一部分原因在于没有对工资进行合理地理财和规划。"小欣说完把这张损坏的信用卡还给了我。

"小欣,那工资应当怎样合理地理财呢?"我疑惑地问小欣。

"雅萱,首先,理财女应当建立记账的习惯,看看每个月自己在伙食费、应酬、衣着、房租、投资方面的开销情况,做到心中有数。这里,工资理财推荐'4321'原则,所谓'4321'原则指的就是每月工资的 40%用于住房支出,住房支出一定要控制在 50%以下;每月工资的 30%用于生活日常开支,包括交通、电话费和应酬支出等;每月工资的 20%用于银行储蓄以应对不时之需;每月工资的 10%用于购买保险。如果你长期这样做,你会发现,手头渐渐宽裕了,最后你会发现信用卡对于你来说已经完全没用了。"小欣从包里拿出了一把扇子扇了起来。

"那其次呢?"我接着问。

"其次,**对于总是处于'月光'状态的理财女来讲,强制储蓄永远是最保守的理财方式。**每个月尽量减少不必要的开支,进行储蓄投资。对于日常储蓄,可以采取递增的方式进行,每个月根据情况递增几十元或者几百元,长期下来,你会发现你已经逐渐地摆脱了'月光'的行列,逐步实现财务自由。有了一定的储蓄,也不要盲目地进行投资,一定要做好长期理财规划,进行科学的资产投资配置。任何一种理财方式都不要三天打鱼两天晒网,很多理财方式在短期收效甚微,只有长期才能有所收益。但往往一些急功近利的理财女坚持不住放弃了造成一定的损失。"小欣扇的风有一些吹到了我这边,让我感觉也很凉快。

"小欣，你看前面很多人取了号都走了。"我听着银行柜台叫的号一个连着一个，就是没人去柜台办业务。

"天气太热，人们也很浮躁，等不及就都走了。"小欣说着看了看握在手中的号码。

"小欣，你看，已经叫到89号了，这90号马上就该你了。"我看着银行柜台上的显示屏不断跳动的红色号码对小欣说道。

"是啊，真快。"说完这句话，银行柜台就叫到了90号。

"小欣，叫到你了，赶紧去办业务吧！"我催小欣快点去柜台。

"好的。雅萱，理财最核心的永远是投资。**在投资的同时，无论收入高低，都要及时地储备应急资金，只有设立一个专门的应急储蓄户，才能在发生应急用钱的情况时从容淡定。**工资理财一定要养成习惯，长期坚持下来，一定会看见成效。"小欣起身去办业务时还不忘叮嘱我几句。

"好的。"我站起身，让她赶紧去柜台办业务。

古董、字画也能理财

下班后，回到家里，从冰箱里拿出两个西红柿，两个鸡蛋，又拿出了一些昨天刚买回来的牛肉。准备做两盘菜——西红柿炒鸡蛋和爆炒牛肉。我先把米放进电饭煲，倒入一些水，按下启动开关，就开始准备做我的大餐了。

我先把两个鸡蛋打好，放进碗里，用筷子搅拌好。然后把西红柿切成小块，码在菜板上。牛肉先腌制一下，炒出来更可口。这个时候，客厅的电话响了起来。我围着围裙，到客厅接电话。

"雅萱啊，我，小巧。周末我过生日，你和小英到我家里来玩啊，我请客。"小巧那边声音很大，孩子在一旁在玩电动车。

"好啊，生日快乐！"我在电话里提前祝小巧生日快乐。

"谢谢！我也约了小英，我们三个一起啊！我老公这段时间出差，我正好自由了。我们三个姐妹到我家来聚聚。我给你们做上几个拿手的好菜！"小巧电话那边声音低了一些，似乎她儿子把电动车给关掉了。

"好啊，谢谢！"我很欣喜地接受了小巧的邀请，心里在想，小英这家伙能否准时赴约，平时总是围着男朋友转。

"下周六晚上6点，到我家集合啊，一定要准时啊！"小巧最后在电话里叮嘱我不要迟到。

"好！"我挂了电话。开始忙碌我的美好晚餐。半个小时过后，我的晚餐终于上桌了，一盘西红柿炒鸡蛋，红黄相间，美极了。就是这盘爆炒牛肉有些炒过了，但是闻起来还是香香的！

我边吃晚饭，边用手机联系小英，看看小英在小巧生日的时候能不能来，没想到小英很讲姐妹义气，她决定在小巧生日那天不陪男朋友，准时赴宴。

很快到了周六。周六上午我专门去了趟"城市风尚"给小巧挑了一条手链，作为送给小巧的生日礼物。

来到小巧家，没想到小英比我来得还早。进门自然第一件事就是简单地寒暄。

"小巧，祝你生日快乐！这是我送你的一点小小的生日礼物，别见笑！"我边说边把包装精美的手链送到了小巧手里。

"谢谢！我们姐妹还说什么见笑的啊！千里送鹅毛，礼轻情意重。来来来，赶快到客厅坐着。我给你们做菜去。"小巧招呼我到客厅的沙发上就座。她转身进了厨房。

小巧的儿子在他自己的书房里练习书法。我和小英在小巧的客厅静坐，边吃零食边聊天。

"雅萱，你看小巧收藏了不少古董、字画呢。"小英指着客厅柜子上各种陈列的古董、字画说道。

"是啊。这家伙不会在做古董、字画理财吧？"我对这小英边嗑瓜子边说。

"有可能，吃饭的时候问下她，不就知道了？"小英吃了片薯片，从牙缝里传出了咔咔的声音。

"来，到餐厅来，咱们准备吃饭了。"小巧忙活了一阵子，终于上菜了，一大桌子菜，充分印证了小巧是一个合格的'家庭主妇'。清蒸大螃蟹、爆炒牛柳、清炒芦笋，各个菜都让人垂涎欲滴。

"来，我们姐妹三个先碰个杯！"小巧提议大家碰杯。

"好！"三个人把葡萄酒杯互相一碰，表示可以开始吃饭了。

"你们把我忘记了。"旁边的小家伙抱怨道。

"哈哈，你也来一个！"小巧说着跟他的儿子碰了下杯。

"小巧，你家里收藏了这么多古董、字画。对于古董、字画理财，你是不是挺专业的？"我喝了一口葡萄酒。

"是啊，我收藏古董、字画都好几年了，这个可比你们有经验多了。中央电视台有一个栏目叫作'鉴宝'。一些古董、字画可谓价值连城。来，吃些我做的大螃蟹，一人一个，味道很棒！"小巧边说边给每个人碗里夹了一只大螃蟹。

"谢谢小巧，我们自己来。你也赶紧吃啊。别顾我们了，忙活了这么大半天，我们还没感谢你呢。"我说，旁边的小英点头表示赞同。

"谢什么啊，我老公出差不在，还要感谢你们和我一起过生日呢。"小巧说着开始剥起了大螃蟹。

"小巧，科学合理地进行古董、字画的理财，需要注意些什么呢？"小英边吃蟹黄边问小巧。

"小英，收藏古董、字画这里面讲究真不少呢！第一，收藏字画一定要收藏名人真迹字画，因为，这类字画最具有升值潜力。越是名气大的大师，其字画越值钱，不要因为贪图价格便宜，买一些不太出名人士的字画，不仅没有升值空间，恐怕也没有市场。这蟹黄好吃吗？"小巧对着吃着正起劲的小英问道。

"味道很好！"小英开始吃螃蟹的两个大夹子。

"这是我刚从超市买回来的'阳澄湖大闸蟹'，现在正是吃这个东西的好时候！"小巧用手把蟹壳给扒开了，嫩白的蟹肉露了出来。

"这蟹黄也是我最爱吃的。"我插了句嘴。

"看来大家都对'大闸蟹'情有独钟啊！我们还是聊聊古董、字画理财。第二点，**初级阶段可以到古玩市场去淘一些古代的陶瓷、器皿、青铜器等，皇家用品的古董一定要追求精致，越精致的越具有升值潜力。**"小巧开始吃蟹肉。

"那高级阶段呢？"我看着小英吃蟹腿有些费劲。

"雅萱，高级阶段可以尝试收藏一些古钱币。古代钱币包括纸币和金银币，金银币的价值更大。金银币要注意鉴定金银真伪，同时，铸造的年代越久远越值钱，铸造的区域和稀缺程度在很大程度上也影响古钱币的投资价值。小英，你慢点儿吃，别划着嘴。"小巧有和我同样的感觉，小英这家伙吃蟹腿有些费劲。

"这只螃蟹估计是长得太强壮了，故意让我费这么大的劲儿。小巧，我听说现在古玩市场赝品非常多。"小英终于用牙齿把蟹壳给剥掉了。

"小英说的对，这就是最后一点我要强调的。目前古董字画市场鱼龙混杂，赝品泛滥。据不完全统计，古董字画市场的赝品率高达70%，因此，**在选择对古董字画进行投资购买时，一定要请懂行的朋友一同前往，加以鉴别，给出是否购买的建议，避免上当受骗。**来，大家喝点儿汤，这紫菜鸡蛋汤我做的，味道可和外面的味道不一样呢。"小巧说着用大勺舀了一些紫菜鸡蛋汤到每个人的汤碗里。

"谢谢！"我和小英表示感谢。

"对于古董、字画的理财，一些手头比较宽裕的理财女可以考虑，但是一定要做好承担风险的准备。对于藏品界来说，目前古董、字画的变现性还是比较好的，可以先行研究再进行投资。来，我们再碰个杯，友谊万岁！"小巧发起了第二轮碰杯。

"友谊万岁！"我和小英异口同声地喊道。空气中夹杂着菜香和浓浓的友谊之味。

女性投资项目面面观

夏天来了，也是烧烤的好季节。可能是我最近看美食节目看多了，很憧憬着去户外弄一场烧烤。看着电视上各种户外烧烤节目，我的口水都快流出来了。

我翻了翻手机，手机天气显示这周六天气晴朗，无风，温度适宜，适合户外活动。我拿起电话，给小英打了过去。

"小英，最近别缠着男朋友了，咱约上小巧，一起去'清扬水库'烧烤吧。我看了，这周六天气晴朗，是去户外烧烤的好日子。"我直接把目的告诉了小英。

"好啊，我也很想去烧烤。那就定这周六吧！我男朋友这段时间周末总加班，肯定陪不了他了。你和小巧那边说好。"小英难得一次有时间陪姐妹一起出来。

"好，小巧那边我联系。周六下午 3 点，在小巧家小区门口集合，这回你要准时啊。"小英答应赴约还真有些意外。

"好，放心，周六下午我肯定准时到。"小英说得很坚决。

"好"我说完挂了电话。晚饭过后，我给小巧发了微信，她爽快地答应了。

周六果然万里无云，难得的好天气。我准备好烧烤的架子、木炭，还有烤串，2：00 就出门了。

下午 3：00，我们三个人准时出现在了小巧家的小区门口。小巧和小英也准备了一些烧烤的食材，都一起放入后备箱里。三个人就这样向"清扬水库"出发。

驾车一个小时左右，我们来到了"清扬水库"。这里被称为"烧烤胜地"，不仅风光旖旎，而且水库边有习习凉风吹来，对着这凉风吃串烤肉，简直是人生一大幸事。

三个人开始搭架子，摆烤串、生火。忙碌起来。不大一会儿工夫，我们的准备工作很快就绪。

看着烤架上嗞嗞冒油的烤肉、已经微微烤香的馒头片，还有清脆的烤韭菜叶，口水都快落地了。

烤了一小会儿，第一波放在烤架上的食材可以吃了。我拿上了桌，我们准备了一张地垫和一张小桌子，拿出几瓶可乐，边吃边喝。

"来，干一个！"我提议大家用手中的可乐干杯。

"干！"小英和小巧一同向我碰杯。

"姐们，最近我总是感觉手头的钱不够花，听说有些人投资了一些项目就获利颇多。你说他们都投资的什么项目啊，或者我们姐妹三个商量商量有什么好的项目可以投资。"我吃着烤熟的羊肉串，孜然的香味弥漫在我们之间。

"**我觉得互联网投资项目挺好的。**目前，淘宝如此之火，网购流行，像咱们这种理财女可以考虑进行互联网项目投资。所谓的互联网项目，适合理财女的再好不过的方式就是开一家淘宝店，成本低，而且客户群体庞大，只要选对了经营的商品，做好服务，一般情况下创收不是问题。理财女可以选择卖包、卖化妆品等。互联网投资项目不仅成本低，并且不会影响理财女的日常工作，比较容易见效。"小巧边说边拿起一串烤韭菜叶吃了起来。

"还有，**做微商代理。**现在几乎每个人都离不开微信，做一名微商代销店是不错的选择。选择做微商代理的优势在于微商公司有现成的产品、营销模式及产品宣传，不需要代言人多费功夫。一旦有微客拍下商品，厂家就会联系物流送货上门，产品质量由厂家保证，你只需做好服务和营销，就可以坐等收钱。"小英边吃烤肉、边喝可乐边和我说道。

"我发现做家政中介项目也不错。在大城市，家政业正在不知不觉中变得火爆，金牌月嫂，月收入上万元，远远超过了理财女的工资水平。一些家庭保洁、保姆等服务也受到越来越多家庭的欢迎。因此，家政中介项目值得理财女进行投资考虑，可以和其他理财女一起投资创立一个家政服务公司，提供服务，收取佣金。但前提是必须做好家政服务的管理和质量保证。这烤羊肉串味道不错，我看啊，我们三个可以开个烤羊肉串店。哈哈。"我边吃着羊肉串，边和她俩聊着。

"嗯，家庭托管市场前景也不错。目前，城市里双职工基本上是普遍现象，这样造成了孩子放学，家长不能按时接送的现象。对于理财女可以考虑投资一个家庭托管公司，只需在学校附近租一间不大的房间，聘好人员，便可开业。家庭托管投资不大，但是收益可观，理财女可以适当考虑。"小巧在我的诱导下也拿起了一串烤羊肉，有滋有味地吃了起来。

"我觉得可以投资茶艺坊或者露天酒吧。对于这类投资，前期选址和花销较大，但后期做好能够形成品牌效应，收益可观。关键是要懂得一些茶道知识和鲜啤酿造知识等。耗费的精力稍大。"小英拿了一串烤馒头片嚼了起来，馒头的干香，让我和小巧看着直流口水。

"看来，像咱这种理财女只要认真生活，做一个生活的发现者，用雪亮的眼睛在生活中寻找商机，进行投资，才能实现资金滚雪球式的发展。来，为了我们美好的理财前景，再干一杯！"我举起罐装可乐和小英、小巧碰杯。

三个小姐妹，面对"清扬水库"习习的凉风，吃着美味的烤串，谈论这理财投资项目，享受着美好的傍晚时光。

理财的同时别忘记合理避税

最近，我通过理财赚了一些收益，但是，最后我发现，理财收益还要纳税。算一算，除去这些税收，自己剩下的并不多。如何更好地在理财的同时又能合法、合理地规避由于不懂税务知识而造成的不必要的纳税，实现财富的增值是我关心的问题。

在晚上下班，享用了一顿丰盛的晚餐之后，我拨通了小欣的电话。

"喂，小欣，吃完饭了吗？"我对电话那头周围很安静的小欣说道。

"吃完了，今天很难得吃这么早。雅萱，你吃了吗？"小欣那边边说边啃了一口苹果。

"吃了。小欣，咱们出来遛遛弯儿呗。"我吃了口西瓜对小欣说道。

"好的，15 分钟后，我家小区门口集合。"我和小欣家住得比较近。15分钟足够我从家走过去了。

15 分钟后，我来到了小欣家的小区外。此时，小欣已经等在马路边了。我和小欣远远地打了个招呼，走了过去。

"最近几日不见，小欣，你长胖了啊。"我看着比原先胖两圈的小欣说道。

"是啊，最近自己做饭，吃得很好，就长肉了。"小欣说着摸了摸腰上的赘肉。

"小欣，你先等我一会儿。"我转身走向小区门口的报刊亭，买了两根巧乐兹。

"小欣，吃根巧乐兹吧！小时候的味道。"我递给小欣一根巧乐兹。

"谢谢！雅萱，你最近在忙什么理财呢？"小欣接过巧乐兹问我。

"小欣，什么都理一点儿。但是，我最近发现，理财的同时还要纳税，一算下来，其实我理财也没赚多少钱。"我把巧乐兹的外包装撕了一个口。

"雅萱，理财收入达到一定水平之后就要进行纳税，缴纳税收有时候数额巨大，这个数额如果能够合法、合理地进行规避，可以将钱用到其他地方，提升生活质量。理财的同时，合法避税可以选择以下几种方式，但并不仅仅局限这些方式，一定要结合法律和规定做出适当的调整。"小欣已经把包装袋撕下，丢进了垃圾桶。

"小欣，快说说，如何理财的同时还能避税呢？"我咬了一口巧乐兹，满嘴浓浓的巧克力味。

"雅萱，有很多方面可以合理避税呢！**投资国债可以减免税收。**国家政策规定，对于个人投资国债，免征特种金融债的个人所得税。因此，一定要充分利用'金边国债'进行合理地避税。"小欣也咬了一口巧乐兹。

"购买国债是个避税的好方法。"我右手拿着巧乐兹，边走边说。

"雅萱，人民币理财产品可以免税。相对于其他理财产品来讲，人民币理财产品可选择的范围不多，并且收益率相比其他货币基金类产品稍低，目前国家对人民币理财产品没有出台相应的征收个税的规定。因此，意味着购买人民币理财产品可以减免个税。"小欣的巧乐兹已经吃了多半下去。

"小欣，前面有个公园，我们进去散散步吧!"我指着前面的"长阳公园"对小欣说道。

"好。雅萱，各类保险赔偿免税。因此，在购买保险类理财产品时，在理赔的时候，对于赔款是可以免税的。因此，可以多选择一些保险产品进行投资。例如，个人储蓄型失业保险、个人储蓄型养老保险等保险理财类产品。"我们走着走着就来到了"长阳公园"门外。

"小欣，听说教育储蓄也可以免税，是吗？"我准备把剩下的半根冰棍在走进"长阳公园"前吃完。

"对，雅萱，教育储蓄免征个税，但前提条件是家里有四年级以上读书的小孩。因此，如果孩子上了四年级，可以考虑购买收益较高的教育理财产品，不仅可以获得更多的收益，还可以合法避税。"小欣已经把巧乐兹全部吃完，把雪糕棍把扔进了垃圾箱。

"小欣，每年发年终奖时，都要扣很多税，这年终奖有没有什么好的避税方法呢？"我咬了一大口巧乐兹。

"雅萱，关于年终奖，可以采取分摊到 12 个月进行发放的方法避税。以年终奖 20 万元为例，如果年终一次性发放，则要缴纳 4 万元的个税，若平摊到每个月进行发放，则可以少缴纳 1 万元的个人所得税。"小欣拿出纸巾擦了擦嘴角的冰棍渍。

"小欣，像你们这种金融高管，奖励股票期权什么的，有什么避税的好方法吗？"我把剩下的巧乐兹全部吃掉。

"雅萱，对于城市理财女，特别是金融高管理财女而言，对于公司的奖励和薪酬，可以选择以股票期权的方式接受，这样可以避免当前征收较高的个人所得税。到行权的时候要把握时机，这样可以避免一年度内收入较高造成的多征税。"小欣把纸巾丢进了垃圾桶。

"小欣，对于一些兼职，怎么合理避税呢？"我把剩下的雪糕棍扔进了垃圾桶。

"雅萱，对于兼职收入，一般情况下是按次征税，因此，对于大宗的兼职收入，可以多次给付，避免一次给付造成的大量纳税。"我和小欣终于在我把巧乐兹吃完迈步走进了"长阳公园"。

"雅萱，像你这种理财女完全可以凭借金融理财知识实现对个人所得税的合理规避，**但是不要忘记'纳税光荣'的口号，你应当在努力提高收入水平的前提下作为纳税的激励，这样有助于提高个人的理财能力和挣钱积极性**。"小欣和我边走边聊，映入眼帘的是一片波光粼粼的水面。平静的湖水洗去了平日里的烦躁，带来了丝丝惬意。

小结

1. 在各个年龄阶段，女性的理财也应当有所侧重。人生的黄金时期就那么几十年，在这几十年里你要不断地学习如何理财，才能在以后年生活中享受到理财带来的幸福感。

2. 任何时候进行多元化投资都没有错。如果不善总结，盲目理财，势必误入歧途，造成一定的理财损失。

3. 对于总是处于"月光"状态的理财女来讲，强制储蓄永远是最保守的理财方式。在投资的同时，无论收入高低，都要及时地储备应急资金，只有设立一个专门的应急储蓄户，才能在发生应急用钱的情况下从容淡定。

4. 初级阶段可以到古玩市场去淘一些古代的陶瓷器皿、青铜器等，皇家用品的古董一定要追求精致，越精致的越具有升值潜力。在选择对古董、字画进行投资购买时，一定要请懂行的朋友一同前往，加以鉴别，给出是否购买的建议，避免上当受骗。

5. 女性投资项目可以选择互联网投资、微商代理及家政服务等领域。

6. 投资国债可以减免税收。但是理财女不要忘记"纳税光荣"的口号，应当在努力提高收入水平的前提下作为纳税的激励，这样有助于提高个人的理财能力和挣钱积极性。